U0174673

拯救黑夜

星空、光污染与黑夜文化

[德] 马赛厄斯 · R. 施密特　坦贾-加布里尔 · 施密特　著
Mathias R. Schmidt　Tanja-Gabriele Schmidt　纪永滨　译

Rettet

die

Nacht!

Die
unterschätzte
Kraft
der
Dunkelheit

山西出版传媒集团　山西人民出版社

序　曲

这是一种彻头彻尾自由的感觉，但他仍不能掉以轻心。他无法根据四周的景物定位，因而感觉不到自己的速度。他的四周是无边无际的黑暗。

这颗小小的启明星不知道故乡的名字。没有人告诉他，他的旅程始于银河系遥远的角落，而且将横跨 431 光年。他也不知道，自己将身向何方。他只知道，要把光明带给那些看到他的人，让他们感到愉悦。这就是他的使命！

前方——突然出现了一个黄色光斑，而且在极速放大。没有人告诉他，他要进入太阳系，而他也忙于躲避路上所有的小行星和碎石。

别的什么东西完全吸引了他。一个小小的光点，很快就以他从未见过的颜色闪烁。他想，我就是要去那里！一些白色的团状物悠闲地游离于发光面上，他看了非常开心。没有人告诉他，这些团状物其实是海上的浮云。

一颗星球就这样出现在他面前，星球一半明亮，一半黑暗。尽管他很高兴看到明亮的一面，内心还是有个声音告诉他，必须朝黑暗的那一面而去。因为那里缺少光明，符合他前来的初衷。

可是，那前面是什么？他的面前出现了数以千计的光点，它们很快绵延成片。谁在他前面，又做了什么？

小小的启明星无法改变他的航向，而前方的光又越来越明亮。他讶异地想，我将被怎样看待？谁还需要我带来的光明？

这些就是他最后的想法，旋即他就陷落于一束明亮的光，根本没有人注意到他。

之前的漫漫旅行变得毫无意义。

拯救黑夜!

黑夜是很特别的东西，它是白昼的异姓姐妹，是白昼神秘而“黑暗的一面”。

一位丈夫会使着眼色夸妻子是自己“最好的另一半”，我们中的大多数人也会把这种说法借用到昼夜的关系上，毫无讽刺地认为黑夜属于白天。无论如何，我们清醒状态下的意识贯穿了整个白昼，各种各样的活动充斥了整个白昼，我们用白昼来维系“生命”。可是，正是这种忙碌使人忽略了什么：黑夜——通常被我们忽视——以自己的方式活跃着，而且这种活跃不仅体现在动物和植物方面。在黑夜这一背离阳光的时间里，人类的大脑高速运转，身体器官进入夜间循环模式，从而维系人类的生命。

是时候了，我们需要再一次认识昼夜之间的关系。夜晚并不简单地只是“奖牌的另一面”，而是和白昼具有同等地位的重要伙伴。昼夜之间的永恒更替使得生命潮起潮落，使得各种生物节律有可能紧密相联，这种昼夜更替甚至作用于人类身体的最小细胞。白昼尽头必然是黑夜，灯光也无法照亮所有黑暗——没有了昼夜更替，也就没有了生命的律动。

睡眠是黑夜给人类的一份珍贵礼物。对于健康而言，睡眠是必不可少的再生和修复机制。人类却经常用很少的时间来睡眠，从而忽视了这份礼物。

从技术角度而言，我们使黑夜变成了白昼。作为白昼的伙伴，黑夜包含很多层面。我们利用技术手段照亮黑夜，同时也就摒弃了黑夜的治愈功能。

人类自以为战胜了黑夜，却已付出高昂代价，“光污染”（light pollution）这一概念应运而生。光污染不仅“遮蔽”了星空爱好者们的视野，也造成了严重的生态后果，不可以轻易地置之不顾。如果您扪心自问，我们人类是否真的可以对此抱无所谓的态度，回答显而易见是“不！”

如果在错误的地点采取错误的照明措施，将扰乱大自然，将每年杀死数以百万计的候鸟和数以十亿计的昆虫。黑夜的比重持续降低，也在很大程度上影响了人类健康，新兴的时间生物学已清楚地证明了这一点。

可是黑夜——它的意义远超于此。“白昼的另一面”与属于它的星空一再打动人们。在所有的文化里，关于黑夜的神话都吸引着人们，使人们感到恐惧、着迷或振奋——并以此成为文化史上浓墨重彩的一个主题。时至今日，人们仍然可以从古老的神话、神谱、民间习俗、诗歌、绘画及电影这种新媒体中找到各种直观生动的黑夜意象。它们具有重要的价值，使我们摆脱疲惫时代的终日忙碌，奔向许多人迫切渴望的内在宁静。

现代的高科技取代了松明和火把，帮助我们照亮身边的世界，这一历史并不长。毫无疑问，技术的发展带给我们诸多好处。问题是，我们能与技术保持同步吗？抑或技术已经在根本上超越了我们？换一种问法：我们到底应该怎么做，才能使光明和黑暗保持平衡，才能使其适应地球上传统与现代生活方式的多样性并存？

不过，倒是有一种办法：我们重视黑夜吧，我们给黑夜一个合理的位置——让我们一起拯救黑夜！

我们在这里发出邀请，请您一起来穿越黑夜的黑暗。您的感官将很快适应各种各样的事实，获得各种各样的印象。如果您愿意，您的内心也将一道在路上。

坦贯－加布里尔·施密特与马赛厄斯·R. 施密特

2016 年夏

目　录

I. 重新认识黑夜：自然节律与光污染

II. 黑夜的魔力：黑暗是灵感的源泉

I. 重新认识黑夜：

自然节律与光污染

黑夜赋予人力量

——黑夜对于我们健康的价值

生命的脉搏：永恒的昼夜更替

我们的生活暗合昼夜更替的节奏。无论史前时代，还是高科技的今天，莫不如此。对于我们而言，昼夜更替如此理所当然，我们几乎不会浪费时间去思考这种更替从何而来：

> 我们总是认为，夜幕是降落到大地上的，或者是像雪花那样飘落下来。实际上，地球一旦背离太阳，黑暗便自东向西覆盖了山川河流。倘若身处野外，便可亲历黑夜降临，目睹东方天际暮色渐浓，好似风暴来临，既而见证了地球的超级阴影，并置身其下。我们所说的

> 黑夜，指的便是我们置身于阴影的时间——这阴影直达苍穹，好似一只冰淇淋蛋筒，地球端坐于蛋筒顶端，其高度百倍于宽度，其远端距我们 86 万英里。一旦地球即将摆脱阴影、直面阳光，黎明便如期而至。[1]

自从地球开始转动，便有了昼夜更替，迄今已逾 30 亿年。地球上的所有生命都已适应了昼夜更替，即使诸多重要因素长期看来必然有所变化——例如地球自转周期正在缓慢地延长，昼夜更替也是一支永恒的旋律，这旋律世代不变，由过去沿袭至今。过去数十年间，假如我们有所感悟，也必然是：人类的行为一旦扰乱了地球的基本定律，必然反受其害。

今天，即便到了夜晚，地球上依旧亮如白昼，我们无从意识到昼夜更替原本分明。在可见的光谱范围内，人们用勒克斯（lux 或 lx）来衡量光照度。如天气晴朗，光照度为 100000 勒克斯，这也是人类眼睛可以承受的极限。地球上的光照度很少超过 100000 勒克斯——台灯的光照度为 300 勒克斯，如果考虑到这一点，100000 勒克斯实在不能言少。

在夜里，光照度则大为不同：如果天气晴朗，满月的光照度为 0.25 勒克斯；如果月呈半弯，光照度仅为 0.025 勒克斯——大多数人仍可借着月光辨别方向。如果漆黑一片，我们的夜间视物能力便面临真正的挑战。即便如此，许多夜间活动的动物仍能清楚视物，并行动自如。

光明与黑暗——如此之多的物理现象与人类息息相关。就规律性而言，无论是温度还是气压，没有一种可以比肩昼夜更替带来的光照变化。地球上，所有生物都必须适应这一基本条件。虽然数量已然大为减少，地球上的巨大种群仍然说明，大多数生物经过长期生活全然适应了这一规律。

◎ **光照度对比，单位：勒克斯（lx）**[2]

正午晴空的日光	约 120000 lx
多云天气的日光	1000—10000 lx
日落	约 400 lx
满月	约 0.25 lx
半月	约 0.025 lx
银河系清晰可见的晴朗星空	约 0.001 lx

时间生物学“大行其道”

在自然条件下，我们身体的各个部位彼此呼应，也都与昼夜更替——外界时间的节奏——和谐一致。我们需要有规律的外部信号或报时，以便实现精确的调整。其中，最强大的外部信号莫过于光照。一旦光照强度有所改变——日出或日落，人体的生物钟便被“重置”，新一轮周期将重新开始。

“重置”的动力便是昼夜更替。昼夜更替之间，如果光照强度的变化不甚明显——例如我们在拂晓或黄昏点亮灯光——这种节奏就会减弱，甚至完全消失。其结果就是：我们的生物钟不会正确运行。这将影响人体内部的协调性，并导致健康问题。

时间生物学家马克西米利安・莫泽（Maximilian Moser）和他所有的同事一致认为，我们的学校每天开课的时间过早，特别是当所谓的“习惯早晨节奏的人”慢慢地变为“习惯晚间节奏的人”及“习惯夜间节奏的人”，过早开课将在很大程度上影响学生的注意力与课堂参与度。

夏令时[1]实施以后，时针在 7 个月的时间里被调快一个小时。在此期间，许多疲惫不堪的学生清晨“枯坐”在自己的座位上，无精打采地任凭老师的授课内容从耳边滑过——这样一种情境不足为奇，但当然不能让教育学家感到宽慰。这不能简单地归因于青春期的叛逆，可以用时间生物学的理论对其进行解释。

---

[1] 编注：夏令时是一种为节约能源而人为规定地方时间的制度。

时间生物学是一门较为年轻的科学，起源于20世纪中叶，基本研究主题为“生命系统内部的时间”[3]，即人类机体内部规律性的时间进程。简短而言，其研究的是人类的“体内生物钟”。时间生物学专家莫泽认为：

> 人类机体的生长……遵从宇宙节律，例如昼夜更替或季节轮回。在生命诞生的最初数周内，生命体就接受了这些外部的宇宙节律，相应地产生了生命体的内在节律，如心跳、呼吸的定律或所谓的基本生命循环。这些内在节律彼此交错，仿佛一个交响乐团。时间生物学研究的正是这些节律之间的关系。[4]

数十年来，世界的面貌日新月异，而且还将持续变化，高度文明的工业化国家更是如此。在此基础上，产生了一个敏感而具有现实意义的冲突：冲突一方为技术日益发展和组织日益严密的现代社会，另一方为千百年来适应了自然定律的人体内在节律。

现在回到之前学校的那个例子。闹钟响的时候，许多学生还没有完全脱离睡眠状态。他们在早晨起床上学，但他们并没有睡到自然醒，而是一种严格的规定使然。[5]问题在于：他们的身体尚未完全进入状态。他们的头脑尚未清醒，肝脏和肾脏还未进入清晨的节奏，所以许多家庭早餐餐桌上的气氛不够热烈。虽然坐到餐桌旁边，但许多孩子这个时间都还没有饥饿感，家长们则关切地劝进早餐。同时，人们头脑中还萦绕着这样一个并非完全正确的古老说法：早餐吃得像皇帝，午餐吃得像平民，晚餐吃得像乞丐。有一点要特别强调，全德国有数量众多的“通勤学生”，他们乘坐火车或大巴前往学校，路途遥远，早餐的质量更是糟糕。

奥地利的克拉根福（Klagenfurt）有一所华德福学校[1]，基于以上情况，将上课时间由 7 点 45 分延时至 8 点 30 分，不久便取得了显而易见的效果。教室里看到的尽是精神抖擞的学生，不再有人迟到，学生们的课堂专注程度大为提高。[6]

亚琛（Aachen）的一所高中紧随其后，针对高年级学生规定了“机动的上课时间”：或照旧为早晨 8 点，或延后 1 小时至 9 点。每名学生都有权选择并决定自己何时到校上课。一位 17 岁的学生说：“之前第一节课对我来说总是一种折磨，我还没有完全睡醒。”

在这个年龄段的学生中，75% 的人生物钟都是“滞后

[1] 编注：华德福学校（Waldorfschule）的教育理念源自奥地利的科学家、哲学家、建筑师及教育家鲁道夫·施泰纳（Rudolf Steiner），其追求孩子在意志（身）、情感（心）及思考（精神）三个层面的全方位成长。

的”。通常，他们比成年人更晚感到疲惫，所以也更晚入睡，因而清晨无法很早就自然清醒。这就对理想的课堂互动和学业投入产生了限制与阻碍，这从生物学角度更容易理解，我们可以生动地称之为“家庭内部时差”。

过早起床的另外一个弊端同样不容轻视：睡眠是学生巩固并记忆前一天所学内容的一个重要阶段，却因为过早起床而被取消了！阿尔斯多夫高中很重视学生的生物钟，遵从了时间生物学家多年来的提倡，将上课时间推迟，这在德国的公立学校中属于首例。慕尼黑大学的时间生物学家蒂尔·罗纳贝格（Till Roenneberg）对此很高兴。[7]

采用为每个学生“定制”学习计划的教育理念，有助于“推迟上课时间”的成功实施。该教育理念允许学生自己组织课程，安排学习时间，不再强制安排休息。一名女学生说：“以往，我们在休息时间打牌。现在，我们合理安排学习时间，从而赢得更多的睡眠时间。”[8]

如果灵活安排上课时间，必须取得政府部门的同意，也需要学校和社会的共同努力。如果师生、家长与经济企业（如公交公司等）可以共同制订一个方案，则可让学生们实现一个时间生物学上非常有意义的转变。这也意味着，对于身体和精神具有重要意义的夜晚将得到更多的尊重。

从时间生物学的角度考虑孩子们的基本需求，并非溺爱他们，而是基于以下知识：

如果孩子们过早被叫醒，他们的心跳就会明显过快，这显然将加重身体器官的负担。交感神经系统将处于高负荷反应状态，血压也会升高，不仅如此，这种并不美妙的状态会增大以后罹患动脉硬化、心肌梗塞或中风的风险。[9]

习惯昼间活动的人与夜猫子

根据日常生活的经验与时间生物学的研究，我们可以将人分成两类，即之前提到过的习惯昼间活动的人与夜猫子——他们也被戏谑地称为“云雀”与“猫头鹰”。习惯昼间活动的人清晨就精神抖擞，晚上也相对按时休息。夜猫子们则恰恰相反，他们惯于很晚才自然醒，并在夜里进入最佳状态。我们可以这样认为，夜晚对于夜猫子们有着特别的吸引力。人们将夜猫子称为，甚至责备其为“睡懒觉的人”，是因为不知道他们晚上较晚入睡，所以白天需要睡足以保持精力充沛。

通常，10 岁以下的孩子都是昼间活动的人，20 岁前发展成夜猫子。中学和大学期间，他们喜欢晚上见面，活动一直持续到深夜。这种晚间活动与夜猫子的生活模式非常相配，同时强化了这种模式。自大约 50 岁起，此前一度被认为是夜猫子的人经常转变为“云雀”（早起的人），这也许可以解释一些人的心头疑惑：为什么祖孙两代人会相处得很融洽？清晨，孩子们欢呼雀跃，还躺在床上的父母恨不得躲到被子下面，而爷爷和奶奶只要在眼前，就乐于和孩子们在一起玩。

实际上，自从夏令时实施以来，“猫头鹰们”特别受影响。他们在一周里面尽量适应而且似乎也适应了新的节奏，可一到不需要闹钟的周末，他们便又放任自己的天性，很晚才起床。这与“云雀们”形成了鲜明对比——“云雀们”的睡眠时长在周末没有明显变化。有这样一种感觉：习惯晚睡的人平时积累了一定的“睡眠不足”，一旦条件允许，他们就会一股脑弥补回来。此外，与早睡早起的人相比，晚睡的人抱怨睡眠问题与噩梦的频率更高。

尽管存在以上两种极端类型，实际中却呈现出混合类型越来越多的趋势，这要归结于人体器官在各自运行及互相作用中所表现出的灵活性。遗传、环境因素、生活经验，例如儿时的体验，还有个人养成的习惯，这些也都会对此产生影响。您要好好考虑自己时间生物学上的倾向，因为委曲求全并不能真正帮助您。柏林查里特医科大学的时间生物学家阿希姆·克拉默（Achim Kramer），推荐了一种折衷的方法，帮助人们解决这个问题。按照他的说法，“早睡早起的人”应该在晚上尽可能晚睡，而“晚睡晚起的人”应该在早晨多去户外运动。[10]

综合看来，晚睡晚起的人在欧洲中部占多数。巴塞尔的时间生物学教授克里斯蒂安·卡约琴（Christian Cajochen）说：“我们不确定，到底是基因起了作用，还是我们在社会生活中通过人工照明延长了白昼。”[11]

无论如何，请您认真地对待自我，不要让现代社会的刺激性内容、光污染和人为缩短的黑夜影响自己。同时，您也不要高估自己的调控能力，刻板地死守时间最终只会给自己带来压力。心存疑惑的时候，您应当服从自己的身体，重视自己身体发出的信号：它和您内心的声音一道——正如生活中其他时候一样——指引您准确无误地运行自己的生物钟。

人体拥有众多的生物钟

到底该如何看待人体神秘的“生物钟”？只说一种生物钟，肯定是错误的。实际上，人体内部有无数的生物钟。我们身体的每一个细胞，无论是皮肤细胞、肝细胞，还是身体其他任何部位的一个细胞，都拥有至少一个自己的生物钟，以便按照固定的时间对其他信号做出反应，并发出自己的信号。当然，这一庞大的网络体系必须得到控制，以便合理并尽可能平稳地运转。此处，所谓的视交叉上核发挥着作用。视交叉上核位于鼻梁之后、头骨底部、视神经的交叉处，被认为是人体的核心生物钟，起着控制人体时间秩序的主导作用，对全身不同组织、器官的生物钟起着协调作用。视交叉上核由大约 2 万个紧密相联的神经元组成，它们是大脑内部的最小单位。这些神经元，每一个都有自己的节奏，都是 24 小时完成一个循环。也就是说，视交叉上核的神经元——以互动的方式——参与全身神经元网络的运行。

按照人们的想法，人体的诸多生物钟会有“等级划分”。阿希姆 · 克拉默也将规律运作的神经元网络比作一个交响乐团，乐团的指挥就是视交叉上核。以视交叉上核为核心，外围系统及人体器官的生物钟担任乐手，进行着优美的合奏。[12]

这一切都是由外界的光通过眼睛传至视交叉上核产生刺激而进行的。也就是说，视交叉上核通过光照与外界取得联系。研究表明，在这一过程中起主导作用的，并非人眼中典型的图像接收器——视杆细胞和视锥细胞，而是约占视网膜神经节细胞百分之一的一种细胞。对于后者在人体生物钟中起到的特殊作用，直到 20 世纪末，人们还持一定的怀疑态度。当时，人们认为它与其他神经元别无二致，作用仅是构成视觉神经而已。然而事实表明，它对光十分敏感，而且含有一种特殊的、可以与蓝光发生反应的成分——黑视蛋白。这种细胞的感光部分将外界环境的亮度信息传到视交叉上核，光刺激接着被传导至松果体。外界光照正是以这种方式触发一系列的信息传递，从而使人体生物钟进入运行状态。视交叉上核与松果体共同作用，既而影响人的体温、血压和新陈代谢等。

◎ 生命就是一种律动

周期为24小时的生物节律，被称为“昼夜节律”。人体内部这种生物节律的起起落落几乎影响所有符合该生物节奏的生理与心理体系（睡眠—觉醒节律、进食与代谢、运动等等）。此外，还存在超日节律，它的时间周期明显短于24小时（例如呼吸与脉搏）。而对于亚日节律而言，每个周期都长于24小时（如季节更替、生长与繁殖过程或治愈过程）。

我们应该进一步了解这些核心的生物节律。它们保证了数千年来我们的体内尽可能生机勃勃。在此过程中，它们并非给我们以重重束缚，而是在永恒的循环中激发我们的生命力，并使我们保持平静。然而，我们大多数人现在都全身心地服从于现代的计时器：由人类发明、并掌控了人类生活的钟表。“我们体内运行着已有上亿年历史的生物钟。如果认为可以像调节腕表一样调节人体生物钟，则未免有失傲慢自大。”[13]

当然，太阳是整个生物系统节律运动的主要发动者，这些节律互相作用，在理想情况下彼此协调一致。数百万年来，太阳就是人类健康不可或缺的节律使者。这并不意味着，您必须日出而作，日入而息。可是，如果您整日闭门不出，不到户外活动，大脑就会发出警告。您知道吗，一位欧洲人平均每天接受的日照时间为 2 小时（北欧与南欧之间当然有所区别），而美国人仅仅为 5 分钟？

正如之前所言，如果在天气晴朗的白天，户外测得的光照度为 100000 勒克斯，炎炎夏日的光照度会更高；在阴暗的冬日，户外的光照度尚且达到 3500 勒克斯。要知道，只有光照度达到 1000 勒克斯，我们的时间生物控制系统才有机会开始运行某些子系统。可是，在有照明的条件下，室内的光照度仅仅有 50 至 500 勒克斯。这很清楚地说明，我们现代生活的某些方面已经偏离正轨太远了。

◎ 散发着银色光芒的月亮

在自然界，月亮也确定着某种节奏。我们可以想想永恒的潮涨潮落——月相与潮汐有着紧密的联系，海洋生物的繁衍也取决于这颗主宰夜空的星球。有一点同样不可忘记，月亮的各种影响还作用于人，以及植物的生长与繁茂。

我们似乎会很自然地忘记一点：日光会考验我们的体力和精力，“灼烤”我们。如果日光不与黑夜定期衔接，二者不为我们的生物钟结合为完美的配套体系，日光最终会摧毁我们。

黑夜来临时，褪黑激素——夜的荷尔蒙——产生作用，它会使人感觉疲劳。褪黑激素是由松果体细胞对血清素进行转化而产生的，从根本上参与了调控人体的昼夜转换机制。光照会阻碍褪黑激素的产生，而黑暗则对此有促进作用。20世纪中期，一位美国皮肤科医生发现了褪黑激素。20世纪90年代以来，人们才开始相信褪黑激素会强化我们的免疫系统，原因在于其具有抗氧化性，会清除对细胞具有破坏作用的自由基，阻止肿瘤的形成。

褪黑激素主导着深度睡眠，进而刺激生长激素的分泌，后者对于良好的记忆力而言不可或缺。此外，褪黑激素会使我们快速入睡，也会引发并延长我们的梦境。如果梦境过短，显然会加速例如阿尔兹海默症病情的发展。

荷尔蒙因能使皮肤保持年轻状态而受到赞誉。通常，经过一个晚上的安眠，面部肤质会有很大的改善。关于这一点，人类早在发现荷尔蒙的抗衰老特质之前，就已知晓。褪黑激素的分泌受上文提过的视交叉上核控制，于夜幕降临时开始，随着夜色加深达到顶峰，于清晨逐渐衰退。荷尔蒙的使命在于向我们的身体传递“黑夜”的信息，以引发身体内部所有器官的活动，并使之维持一定时间。

在德国，含有褪黑激素的药物属于处方药，所以并不建议因为失眠而擅自服用此类药物。可是，如果保健品或食物中含有褪黑激素，则人人都可以服用或食用。与倒时差的人一样，飞行员偶尔也会服用或食用它们。时至今日，人们尚不清楚褪黑激素有何副作用，对此缺乏具有说服力的长期研究，所以建议慎用。可能的一点是，人体的生殖能力或许会受到影响。此外，可能还会出现胃部不适、白日倦怠、嗜睡及沮丧现象，也许还会导致兴奋及高血压。服用或食用的时间也很关键，例如在治疗倒班工作综合征的时候。如果长期更换工作时间或上夜班，睡眠的节奏就会被打乱，一旦一个人的睡眠—觉醒机制被打乱，就会无法真正入睡，而长期感觉困倦。

另有“研究表明，如果在早晨摄取褪黑激素，会导致肿瘤生长，而如果在下午或晚上摄取，则会抑制肿瘤生长。在抑郁症治疗中，也发现了一个类似的效应：如果在白天摄取褪黑激素，将会使症状加重……”[14]如果一个人身患自体免疫性疾病、肝病，或肾功能不全，则特别建议慎重摄取褪黑激素。褪黑激素是夜晚的福音，由人的身体自然决定产生的形式和数量，功能强大而又具有治愈能力，一旦由体外摄入，则绝对不是无害的。如果需要体外摄入，则无论如何需要遵医嘱。[15]

人体生物钟一旦持续受到严重干扰，节奏就会日益紊乱，不能再发挥它自适性的平衡人体机制的功能。这种并不美妙的结果很快就会出现。如果我们不及时悬崖勒马，错误操作就会进入人体工作程序，使生物钟在失衡的体内成为滴答作响的定时炸弹。

如果持续对人体生物钟不加以关注，不仅会导致疾病，还会加重已有的症状。例如，会引发癌症、哮喘、抑郁或癫痫等重大疾病，也会导致各种类型的身体不适、焦虑、注意力难以集中与消化问题。“违背天性”，即违背人类有史以来形成的规律如昼夜节律，实非长久之计。

显而易见的是，我们的身体组织不仅有身体的结构，也有“时间的结构”。研究者马克西米利安·莫泽认为，时间生物学是“真正有前景的学科，因为它告诉我们，我们该如何健康生活”。疾病不再是人们谈论的中心，如何努力增进并保持健康才是。[16]

时间医学

关于时间生物学，一个颇有前景的分支是时间医学。时间医学建立于时间生物学的基础之上，融合了时间药理学与时间治疗学。时间医学的核心在于，在最佳时间为病人开具相应剂量的药物，目的是最大程度发挥药物的效能，同时最大程度降低药物的副作用："不同时间服药，例如晚上服药或早晨服药，药物会表现出完全不同的功效——不仅仅是一般意义上的按时服药，在服用抗癌药物方面这甚至性命攸关。"[17] 例如，在肿瘤学方面，就建议每天按照一定的时间进行化疗。下文中的案例也会说明这一令人感兴趣的内容。

临床研究表明，基于晚上 10 时左右胃酸分泌旺盛这一事实，最好于晚上服用治疗胃溃疡的抗组织胺药，以便药物完全发挥效力。另一个例子关系到血压的调控。因为抗高血压药明显在夜里效用最强，所以最好于晚上服用诸如转化酶抑制剂或受体阻滞剂之类的药物。众所周知，高血压与糖尿病易于同时发病，以上做法也能使糖尿病发病的风险最小化。如果晚上迟些用药，糖尿病发病的风险——根据具体所开药物——就会降低 52% 至 69%（后一数字指的是转化酶抑制剂与血管紧张素受体阻滞剂的使用）。

我们必须知道：肾素—血管紧张素—醛固酮系统（RAAS）调控体内的盐分与水分，从而控制人体的血压与血糖，而它在夜里特别活跃。上文提到的常用药物针对的正是这一系统。所以毫不为奇，睡前服用这些药的效果最佳。[18]

当然，我们日常服药，包括服药时间等，通常都会遵医嘱。

◎ 夜间手术

每个人都清楚，外科手术可以挽救人的生命。尽管如此，如果手术在夜间进行，则不仅给外科医生，也给病人带来了负担。因此，如果有可能的话，应安排合适的手术时间，使其既符合病人的作息规律，也符合手术医生的作息规律。此外，夜间透析会缩短病人的预期寿命。即使在育婴室或重症监护病房，如果婴儿或危重病人能够不自觉地感受到昼夜的明暗转换，效果要好于灯光持续照明。

睡眠——黑夜给人的珍贵礼物

睡眠可以刺激褪黑激素的分泌，是黑夜关系密切的盟友。

睡眠也被称为“死神的孪生兄弟”，它可以使我们的清醒意识瞬间停止。至于催眠对我们的意识有巨大影响，则早非秘密可言。此外，德语中的“催眠”（hypnose）一词来自希腊神话中死神的孪生兄弟——睡眠之神修普诺斯（Hypnos），这一点也不足为奇。

对于我们人体的再生机制而言，夜间的睡眠不可或缺。我们在夜里睡觉，不仅仅是为了休息，也是为了第二天又可以精力充沛地投入工作，以及更好地开展业余活动。

更确切地说，我们从根本上依赖睡眠，目的是保持健康，从而能安排并享受我们的生活。

> 从时间生物学的角度而言，一个健康的身体体现了和谐——体内的各种节奏彼此配合。如果一个人上夜班或倒班工作，或面临压力，或面临时差，体内的各种节奏就会被打乱。新的研究表明，体内节奏紊乱会导致疾病，包括新陈代谢紊乱、心肌梗塞，癌症发病率也会升高。未来，如何恢复人体内在节奏将是医学，特别是预防性医学的一个重要方面……对于日常舒适的体感与健康而言，良好的睡眠具有重大意义。[19]

我们早就知道：在睡眠的时候，我们的身体包括大脑或多或少都“被切断联系”，进入休眠状态。但是，睡眠并不仅是这样——虽然人体的新陈代谢减缓，血压有所降低，但是人体的修复机制与加工机制却在全力运行。在睡眠阶段，日间留下的所有印象与体验都被分类并存储在记忆中，这包括今后要复习的单词，也包括体育活动或乐器的学习过程。可能的情况是，不同的睡眠阶段针对不同的记忆内容。

对于夜间“人体的全面更新”而言，深度睡眠不可或缺。无论是身体成长，还是恢复精力或伤口愈合，所有这一切发生的时候，我们都“好像睡着了”，意识对此没有丝毫介入。此外，外语单词或会上展示的内容会在深度睡眠阶段得以巩固，过程性的内容，如舞蹈、骑自行车或其他体育活动，则倾向于在异相睡眠过程中得到处理及巩固。

◎ 黑夜为了睡眠而存在

关于睡眠的研究还是一门较为年轻的科学，虽然早在19世纪就已发端，但迟至20世纪，随着脑电图的开发与使用，该研究才驶入快车道。当时，人们已经可以利用脑电图技术测量并记录人的大脑活动，并认识到这样一个事实：大脑在人睡眠期间绝非“无所事事”，相反却极端活跃。当时，人们就清楚睡眠过程包括深度睡眠与浅度睡眠。今天，几乎所有人都听说过异相睡眠，即眼球快速运动（rapid eye movements）的梦境阶段。异相睡眠阶段，大脑高速运转，与长时记忆效率密切相关。

夜间睡眠属于一种“多功能”现象，它会使人体“除旧迎新”并重新协调一致，从而在行动潜能方面，远远超越一般意义上的新陈代谢。在此阶段，人脑起着核心作用。美国顶尖的睡眠研究学者之一约翰·艾伦·霍布森（J. Allan Hobson），说得恰到好处：“我们为了自己的大脑而睡眠，睡眠这种行为其实与大脑有关，由大脑主导。”德国的睡眠研究专家彼得·史波克（Peter Spork）补充道：“人脑需要睡眠，为的是保持工作效率。”[20]

每个人对此都有自己的经验：如果自己一直过少睡眠，就会无精打采、注意力分散乃至健忘，并通体感觉不适。人体的免疫系统并非如想象的那么坚强，如果缺少睡眠，我们就会更容易着凉、罹患急性或慢性疾病，全身的新陈代谢都会受到影响，如调节食欲的荷尔蒙会失调。

研究表明，如果睡眠过少，不仅压力荷尔蒙——皮质醇——与血压都会升高，心脏与关节问题会变得更加严重，我们的道德判断能力与风险分析能力也会受到影响。总体而言，如果睡眠过少，人体的患病几率会明显提高。因此，柏林圣黑德维希医院的睡眠医学主任医师迪特尔·孔茨

（Dieter Kunz）从人体健康的角度赋予健康睡眠以“超乎寻常的意义”。[21]

可惜的是，睡眠的意义在现代文化中并未被完全理解。彼得·史波克很确定地认为：“我们的社会对睡眠的态度并不友好。”[22] 关于大多数人睡眠过少，蒂尔·罗纳贝格认为：“我们的文化里存在一种奇怪的分裂现象。一方面农耕时代的理想仍然适用：想有所成就的人必须早起，晚起的人会被认为是懒汉。另一方面，我们想做现代社会的全球玩家——始终保持在线，永远充满活力。”[23]

我们也都清楚，剥夺睡眠非常残忍，时至今日它仍然是惯用的在极端情况下会导致人死亡的“酷刑”。剥夺睡眠一周之后，除了导致人体诸多不适，还会大大增加心脏疾病发病的危险。

赫尔辛基大学有一个由芬兰医药人员组成的研究小组，负责人为塔里娅·波尔卡－海斯卡宁（Tarja Porkka-Heiskanen）。该研究小组警告说，如果睡眠过少，会影响胆固醇代谢，从而伤害血管——某些负责平稳输送胆固醇的基因，明显不能再发挥最佳作用。芬兰的研究者们参考了几项彼此独立的研究。各种流行病学方面的研究表明，如果睡眠过少，有可能导致心血管疾病，缩短人的寿命，同时加大死亡危险。研究睡眠的专家警告称，需要向人们普及，除了健康的饮食和足够的锻炼以外，充足清爽的睡眠也具有重要意义，它对人们健康和幸福的重要性被低估了。[24]

如果每天睡眠少于 6 个小时并持续一周，人体血细胞内数以百计的基因就会有所改变——这将导致注意力分散，乃至于其他重要的人体修复过程也将受到影响。以德克-简·戴克（Derk–Jan Dijk）为首，英国萨里大学的研究者取得了以上成果，并于 2013 年公开发表。以弗兰克·希尔（Frank Scheer）为主导的波士顿哈佛医学院的研究团队，也取得了类似研究成果。[25] 如果延迟生物钟并缺乏睡眠，最终将导致身体机能紊乱——好比一个没有了指挥的庞大交响乐团。

倒班工作

频繁的夜班，特别是不定时的倒班工作，导致了睡眠时间不规律，从而影响了人体的自我修复机制。对于人体健康而言，这是一种不容低估的危险。目前，大约 600 万德国人倒班工作，这是一个近年明显增长了的数字。夜班，即每天 23 点至第二天早晨 6 点工作，“推迟”着大约 330 万德国人的睡眠。在现代社会，人们的生活节奏不再受自然节律的支配。

人们生活忙碌，各种事务都以营利为导向，却逐渐忘记了一点：我们并非生活在大自然“以外”的任何地方，相反我们是大自然这个高度一体化结构的一部分，这一点无法更改。人们经常理所当然地忽视大自然的规律，却未考虑到这种忽视高度危险，甚至性命攸关。

可是，夜班与倒班工作并不仅仅导致睡眠不规律。与“正常”生活的人相比，倒班人员少睡 2 至 4 个小时，导致很危险的睡眠不足，这实非虚言。随着人产生倦怠感，体力与脑力也随之下降。即便离开工作岗位，也会因为打盹而导致车祸、火灾、海难，甚至会导致核事故。如果将此完全归因于习惯，则大错特错。即便多年从事夜间工作，人们也无法摆脱凌晨 2 点至 5 点的倦怠感，这种倦怠涉及体力、脑力与内心。[26] 时间生物学家托马斯·坎特曼（Thomas Kantermann）认为：“研究表明，倒班工作人员除了罹患各种现代疾病如心血管疾病、糖尿病、抑郁与失眠，甚至还明显易发癌症。”[27]

早在近 10 年前，基于各种研究成果，世界卫生组织（WHO）就认为有必要将夜班纳入“很可能引发癌症”的范畴——夜班工作的人罹患退行性疾病如乳腺癌的风险明显上升。如果夜里在灯光下工作，就会极大降低褪黑激素值，从而相应降低其作为“夜的荷尔蒙”的抗氧化能力，即细胞保护能力。

除了倒班工作与夜班工作，过长的工作时间，即耗费体力或脑力工作至深夜，也司空见惯。除此之外，违反劳动法的现象也日益增加。这都意味着什么呢？

我们将黑夜变成白昼，却忘记了这样做会增加心理压力，迟早会导致疾病，缩短自己的寿命。不止于此，劳动领域急需依赖于创造性想法的创新力量，但却只能看着这种力量慢慢流失。

心理学家斯特凡・格吕内瓦尔德（Stephan Grünewald）认为德国人“越来越疲惫”，在持续压力下达到了“疲劳顶峰”。“晚上回到家中，许多人就筋疲力尽地倒到床上。”[28] 没错，如果有人想对此提出异议，那他自己至少得做过上面提到的辛苦工作。有时候——包括在医疗部门——夜班绝对必要。重要的是，人们不能麻木地违背自然规律而生活，而且还须采取措施将负面效应降至最低。这就首先要求慎重或灵活安排夜间工作、饮食、健身，社会各界还应和谐相处。

如果您别无选择，不得不在白天睡觉，那至少应保证处所保持凉爽、通风，调暗光线——可经常使用眼罩，尽可能保持安静，并远离咖啡及可乐等提神饮品。[29]

◎ 睡眠时间应该长还是短?

这是一个问题。“越长越好”，这一说法在睡眠方面似乎并不适用。美国与日本分别做了两个大型研究，调查寿命与睡眠时长的关系。研究结论认为，对于人类而言，7个半小时的睡眠时间最为理想。延长1个小时或缩短2个小时，并未明显影响人的寿命。可是，如果睡眠时间始终长于9个小时或低于5个小时，或许会缩短人的寿命。[30]

在人类历史上，尽是睡眠时间不足之名人的事例，也找得到著名的贪睡人士。列奥纳多·达·芬奇与拿破仑属于前者，而歌德与爱因斯坦的睡眠时间通常多于10个小时，属于后者。

心理治疗师罗尔夫·默克勒（Rolf Merkle）认为：“如果人在白天从事体力劳动，通常更快入睡，也会更快进入深度睡眠。”相反，脑力劳动者经常睡眠较浅，因而也许需要更多的睡眠。此外，睡眠时长与深度非常取决于个人的精神状态。[31]

◎ 睡眠不仅使人美丽

生长荷尔蒙使孩童在睡眠中长高，也促使成年人产生新的皮肤细胞，从而使皮肤再生。夜里的“美容觉”这一说法并非毫无根据。

可是，除了预防疾病与修复身体，睡眠还有更多作用。

充足的睡眠使人“更加聪明”：无论如何，睡眠都会为大脑减负并强化大脑，清理无用的内容并强化需要学习的内容。此外，如果夜间睡眠不足，大脑会减少新的神经细胞的产生，它们对新旧知识持续产生联系至关重要。

此外，睡眠会提高性欲，因为睡眠会使男女为房事做好准备。一旦阴茎与阴蒂在夜里充分充血，无论如何不会偃旗息鼓。

另外，充足的睡眠会使人保持苗条吗？实际上，疲劳的人经常胃口大开。如果一个人睡眠过少，体内也相应分泌较少的瘦蛋白。瘦蛋白是一种信号，它会抑制人的胃口。而由胃黏膜及胰腺分泌的生长素释放肽却有了用武之地，这是一种激发胃口的荷尔蒙，可能还会提高人对酒精的依赖程度……[32]

对于睡眠研究人员于尔根·祖利（Jürgen Zulley）而言，睡眠是否充足的唯一重要标准，就是一个人在白天是否精力充沛：“不要拘泥于 7 个小时的睡眠时长，否则只会让人深感压力，进而使睡眠质量真的不尽如人意。”[33]

从反面而言，结论依然成立：如果您需要更多的睡眠，那么听从您的内心！但简单的概括并不一定是全面的。此时此刻，不要让别人对您指手画脚，而是要自行决定。此外，也没有必要“一定”在夜里保证连续睡眠。所有哺乳期的母亲都知道流传于民间的一种说法，即健康的身体一旦感觉疲劳，就“自行休息”。（当然，长期严重失眠是个例外，需要医生介入。）

关于此，A. 罗杰·埃克奇（A. Roger Ekirch）在他的著作《黑夜史》中描述得极为有趣，该著作以若干旧时日记为蓝本。作者在书中描述了一种典型的间歇睡眠，这种睡眠在 20 世纪早期还为乡间民众所熟知。对于西欧民众而言，直至近代结束，睡眠分为两个阶段，被至少一个小时的“安静的清醒时间”分隔开。这一段时间似乎无特别之处，人们用来从事各种愉悦的活动或冥想。在后续调查中，人类学家在非洲也发现了类似的睡眠模式。[34]

“我的内心轻松而自由”，书中的一则日记这样描述当时的状况。著名作家纳撒尼尔·霍桑也描述过从午夜睡眠清醒过来时的情景：

> 在整个夜晚，如果想找出一个小时的清醒时间，那么就是这一刻……这是一个日常俗务无法侵入的空间，匆匆流年在这一刻停驻，成为你眼前的当下。[35]

充足的睡眠无比重要——夜晚是再合适不过的睡眠时间——重要到你必须认识到：恐惧睡眠、强制睡眠或长期服用安眠药都于睡眠无补。夜间睡眠无论由于什么原因被打断，都没有理由焦虑，或产生世界末日的感觉。大多数人通常会在夜里数次短暂醒来，第二天早晨却全然没有任何印象，您知道吗？[36]

但是正如此前所说：如果您遇到慢性睡眠问题，并为此痛苦不堪，则须请一位富有责任心的专家给出建议。

◎ 光照是睡眠的敌人

如今，光照是影响睡眠质量的重要因素之一。许多卧室根本做不到完全黑暗。造成这一点的原因包括尚未关闭的电脑、其他房间投来的灯光和室外的霓虹灯，甚至还有房间本身内部的灯光。如果运气不好，卧室前方可能还会有一盏明亮的街灯，百叶窗不够理想，又没有其他有效的遮光手段。研究结果清楚地表明，夜里灯光照得越亮，女性罹患乳腺癌及男性罹患前列腺癌的几率就越高。[37]

睡眠实验中的脑电流测量显示，在光线影响下睡眠的受试者与在完全的黑暗中睡眠的受试者之间存在明显差异：

> 所有证据都指向一个结论：如果在人体需要休息的时候进行人工照明，将会长期给健康带来负面影响。这应当引起人们的思考——特别是在用较少的花费就可以调节那些干扰性光源的情况下。如果想立竿见影，可

以将卧室灯光调暗，并使（不仅是）住所周围夜间使用的灯光尽可能柔和。如果能做到以上几点，夜晚就仍然是睡眠的福音。[38]

梦也属于睡眠

伴随梦境的睡眠最好发生在夜里。虽然解梦并非易事，但是一味地认为梦境属于虚幻、混乱、随意的现象的堆积，也很不足取。

“梦境若泡影”，很可能每个人都听说过这句话。梦中，时空秩序被打破，各种情况堆积叠加，却也会形成新奇而有趣的联系，完全忘记的事情也可能“重见天日”。

做梦是对白天过激行为的一种重要修正。梦境并非全无意义，也并非纯属幻觉，它是内心的自我对话。人们在白天忙忙碌碌，会忽视自己的某些愿望或问题，晚上做梦时会让自己关注到它们。如果不做梦，我们会陷入一种疯狂的停滞……如果做梦，人就会注视到不一样的生活。一开始，人会觉得这种“生活”混乱，并对此感到讶异和不解。但最终，梦境会带我们脱离一成不变的生活。[39]

如果您期待夜间的安眠，那就也期待梦境吧——梦醒之后，最好马上将梦境记录下来，因为每个人都知道梦境很快会被忘记。对梦境，无论是茫然不知的忽视，还是情不自禁的高估，都不可取。在这里，中庸之道再次成为王道。灵魂在黑暗的夜里写出象形文字，破解它们会带来乐趣，也会以一种不可思议的方式，让您更加了解自己。

◎ 梦境是夜晚的虚拟现实

美国著名的科学家艾伦·霍布森在《梦境是虚拟的现实》（Dreaming as Virtual Reality）这一报告中，将梦称作变乱或延伸的意识。艾伦·霍布森以此反对西格蒙德·弗洛伊德的说法，后者是伟大的解梦者与心理分析学的创建人，倾向于将梦境解释为无意识的精神活动。艾伦·霍布森将异相睡眠过程中的梦境归于原意识（Ur–Bewusstsein），认为梦境属于一种较高等级的原意识。[40]

万物皆有时，生物钟亦如此

人类有史以来，身体机能就从头到脚高效运转，甚至在夜里也是如此，这在西医理论中早已不是秘密。传统中医研究这一点的时间则更为长久。公元前 200 年左右，古中国就有医者认为，人体（不限于人体）在 24 小时内按照一定的周期运行。他们还得出结论，如果认识到这些周期，并按照这些周期生活，就会身康体健。这难道就是建立于经验基础之上的“早期时间生物学”吗？

今天，相信很多人都已听说过“阴”和“阳”这两个基本概念，二者以整套中国哲学与医学作为理论基础。简而言之，“阳”意味着动与热，“阴”则意味着静与冷。生活中的任何事物都有这两面，离开了其中一面，另一面就无法想象：光与影、清醒与睡眠、白昼与黑夜。“阴”和“阳”虽然说明并勾勒了两极，却并非严格对立，而是互相转化并互为条件。

这种内外联系原本包罗万象而又节奏分明，一旦被持续打破，例如人们行事过度，忽视了天性中有关“宁静”的需求，就会以生命能量“气”为代价。“气”这种包罗万象的生命能量取自物质与精神食粮，按照一定的轨迹——经脉——运行，经脉以网格状分布于人的体内。12 条经脉分别属于人体内不同的器官或系统，一天之中，每条经脉以其最大能量运行的时间为两个小时。12 个小时之后，各个人体器官的能量降至最低。根据各自的运行情况，人体内总会有两个器官扮演彼此对立的“伙伴”。其中一个器官患病，另一个器官也会同时被诊治。依靠这种理论，传统中医统一了昼夜节律与人体内部器官的运行节奏，二者成为具有平等伙伴关系的“时间生物学”系统。

中医宣称的“人体生物钟”[41]始于午夜。凌晨3点至5点，正是（希望如此）大多数人熟睡的时候，此时肺经旺，缓慢而强力地为身体提供日常所需的能量。在古老的中医学说中，肺经调节全身节奏并使所有身体机能保持正常，因此被赋予了特别的地位。为了让肺部积聚更多力量，从而有利于气的运行，有必要使房间保持良好的通风条件。

早晨5点至7点，大肠经旺。人体的大肠负责清理体内各种垃圾，也被认为能够平衡人体与外界物质和非物质介质的关系。通过均衡地摄取绿色蔬菜、坚果、谷物等，您就能有效地支持大肠的工作。[42]

以上饮食要求也针对早晨7点至9点的胃经时间，该时间与人体整体的进食息息相关。无论是恶心、呕吐，还是情绪失调——真正“打击我们胃口”的东西，都令我们难以招架。在新的一天，一旦生命的喜悦与乐趣突遇压力而陷于焦灼，身心的平衡被打破，各种病痛包括心脏疾病便接踵而至。

上午9点至11点，脾经最旺，胰腺也同心戮力，分泌酶作为生物催化剂。此时脑力最为发达，是人们处理棘手问题或参加考试的最好时段。我们通过摄取食物获得必要的能量，从而使高度按照节奏运行的身体机能保持正常，继而使自己保持活力。然而，我们身边充斥着低端食品，它们由食品工业制造，内含难以计数的配料，有时很难为我们提供所需的营养。理智地回归自然、食用绿色食品是一个极好的选择，能够为我们的身心找到更好的出路。

11 点至 13 点为心经时间，宜呼吸新鲜空气，打开自我，友好而“发自内心”地接近他人。通过这种方式，可以使自我及其他生灵——无论是人类还是动物——都“沐浴”于情感的暖流。慷慨与开放的心态将主宰这一时段，无论如何不要让自己在此时陷入筋疲力尽的境地。

午餐之后的 13 点至 15 点，小肠经最旺。小肠负责对一天的营养进行分类。此时，人体的活动能力有所下降，适当午休对于维护心脏机能不啻一个好的选择。

“接管”15 点至 17 点这一时段的是膀胱经，它为机体提供新的能量。此时，皮质醇含量较低，免疫系统处于高效工作状态。午间休息之后，主动接触、学习新的知识，或巩固学过的内容，效果最佳。为身体补充水分可提高这一时段的工作效率，例如饮用水或花茶。

17 点至 19 点——冬季此时天色已暗，黑夜的使者已经降临——肾脏开始发力工作。此时，您应放慢节奏，珍惜您剩余的精力。可以从事令身体感到舒服的运动，从而使味觉与嗅觉更加灵敏，也可适度进晚餐。

下一个时段为 19 点至 21 点，按照中医理论，此时心包经旺。心包是心脏的保护组织，负责保护气血运行。心包象征着“厚厚的外皮”，有时需要它来保持身体的完整性。此时，您应避免处于压力之下，让自己的身体慢慢进入休息状态。

夜晚拉开了帷幕，带着有序的组织与修复潜力。上焦、中焦、下焦（合称三焦）已经诸气齐备，于 21 至 23 点保护我们的躯体，从而外邪不侵。此时，消化器官进入休眠状态，不宜进食加重胃的负担。请您爱惜自我，使身体、精神和灵魂产生和谐的三重奏，避免任何形式的过劳。

然后只有胆——与心脏相对——还在全力工作：此时段为 23 点至 1 点，正是上床睡觉的时间。植物神经系统的交感神经正全力协调，减少新陈代谢，降低血压并减慢心跳速度。这会影响人体自身的镇痛物质，如果出现问题，人体可能需要服用外源性镇痛药。您现在还为某一问题绞尽脑汁、“肝火上升”吗？请您尝试让自己的生活有条有理——可能的话，您拿出纸和笔，记下第二天最能出色完成的事情。这样一来，您就能把某种压力“抛之脑后”，更容易进入甜美的梦乡。

现在是午夜时分——在关于人体循环系统的中医理论中，仅肝脏此时还在兢兢业业地工作：作为人体最重要的排毒器官，肝脏于1点至3点完成重要的新陈代谢工作，此时不应饮酒加重肝脏的负担。肝脏输出的能量使人充满力量，并能保持身体的状态与灵活性。按照中医理论，这种能量代表着过去、现在与未来的平衡。请不要食用不健康的食物或易成瘾的东西，也不要因小的病痛而轻易服药，以免加重肝脏的负担。您可以在白天从事适当的、符合自己身体状况的有氧运动，以帮助肝脏发挥自己的功能。最后但并非最不重要的一点是：您在深夜除了安睡，不需要做其他任何事情。

这一循环随着肺气的逐渐旺盛而结束，新一轮循环又开始了：

> 海浪肆虐张扬，将自己拍碎在沙滩上，其后又有海水积蓄着力量，正如我们毕生都需要的呼吸，所以变化是人类最原始的体验。一旦到达高峰，就意味着即将衰退，而跌至谷底则意味着又将重新上升。[43]

◎ 早日康复！

特定时间发作的病痛是一种信号，意味着相应的身体器官陷入异常。例如，如果一个人总是在半夜咳嗽，或许是其肺部出现了问题。对此，可以采用诸如按摩或针灸之类的治疗手段。人体经络上遍布着数以百计的“穴位”，可以或轻或重地刺激它们，从而打通堵塞的经络。有趣的是，西医的临床观察验证了中医的经络时间。据说，按急诊医生的经验，哮喘多于清晨发病，而心肌梗塞多于上午发病，胆囊疾病多见于午夜时分。[44]

时间生物学与营养

众所周知，我们需要一系列具有较高营养价值的食物，以便很好地，或更好地，或在最佳状态下生活。问题不仅在于您所摄取食物的种类、数量或组合方式，还在于摄取食物的时间和个人状态。对此，您除了参考传统中医的古老经验与理论，还可以借鉴现代营养学的知识。

许多人自认为有营养意识，而且就此相信自己在对自己的健康负责，可他们忽视了一点：摄取营养食物的正确时间。根据时间生物学的实践经验，应适当而健康地摄取营养食物。无论是丰盛的大餐、碳水化合物、油腻的食物还是甜食，一旦晚上食用，就会堆积在胃里，使人在夜里难以安眠。

某些食物虽然富含维生素及矿物质（尽可能来自自然，而非化学合成），可一旦在错误时间食用，就不能完全发挥它们的效用，原因在于负责消化它们的人体器官尚未准备就绪。维生素 A、D、E 与 K 具有溶脂性，与具有溶水性的维生素 C、B 及生物素相比，早晨服用的效果明显好于夜晚。这方面将出现大量研究，势必会有一些惊喜在内。

还有一点需要加以考虑：如果心情极差或处于情感压力之下，希望暂时摆脱负面情绪，那么最好不要食用富含生物活性物质的食物。一旦情感或内心有了波动，我们的生物钟当然会受到影响，正如齿轮箱里的几颗沙粒明显会影响整个“齿轮传动装置”。但是不要担心！如果您爱惜自己的身体，那么它会在适当的时间自行向您发出信号。至于摄取营养，肯定不会在夜晚。不吃晚餐并非只是一句空话：取消晚餐，下次进餐之前至少要等候 14 个小时，这将在夜里给您的身体更多的余地，以便于完成自我修复。

取消晚餐，会简化消化过程，并降低血糖水平。通过这种方式，人体不仅会分泌更多的褪黑激素——夜的荷尔蒙，而且也会产生更多“使人年轻”的促生长激素。听起来简单明了，可是必须考虑以下一点：人们往往在晚上进食一天中的正餐，特别是在意大利这样温度较高的南欧国家。早餐则草草完成，也许是为了取得和不吃晚餐类似的效果。

重要的是，我们不能墨守成规，而是要考虑到各种“节奏”的影响和共同作用，如温度、季节、传统习惯和个人状况。

◎ 节奏决定音调

“摇滚”不仅存在于流行音乐。例如，舞蹈或有节奏的自我摇摆虽然耗费体力，却也非常使人放松，是一种健康的运动。除了由内源或外源刺激控制的人体循环，此类及其他反复出现的仪式还包括规律的用餐时间和饮食习惯、某些课程、聚会、生日、周年庆，以及其他令人愉快、定期举办的活动。在举行这些活动的时候，要制订计划使其具有可靠性，从而使我们的生活有条不紊。

基本上，人们在忙碌一天之后都需要放松。音语舞[45]——一种综合精神、感觉和身体的运动艺术——可以改善全身的运动机能，同时也会提高睡眠质量。此外，每天可以安排“睡前甜食”，形式可以是令人心安的一杯“晚安茶”或一首“小夜曲”——并非一定要听莫扎特——这些都会使人极好地放松，让忙碌的一天画上句号，带人进入一个平复的夜晚。

从松明火把到聚光照明

——人工照明的发展历程

“光！要有光！”根据《圣经·创世纪》的记载，随着上帝的这句话，地球的第一个光源就闪亮登场了：太阳。可是，太阳养育生命并给人温暖的光照只留给了白天。在一道闪电引起熊熊大火后，也许某个原始部族将火种带回了阴暗的山洞——火不仅给他们带来了光和热，还可以用来抵御猛兽，烤熟肉类或其他食物。众神赐予的天火当然不可以熄灭，要小心看护。如果一个部族无法点亮篝火，就只能在黑暗中生活。

后来人类学会了使用火石和火绳，从火星、火花，最后终于制造出了火焰，这真的是一个巨大的进步。从这一刻起，人类不再依赖闪电取火，而是可以随心所欲地使用火。这是人类历史的一个里程碑！

松明与火把

除了篝火和灶火，人类第一种照明工具是松明：这是松柏的一部分，松脂含量较高。有了松明，史前人类就在固定火点之外有了光。如果将松脂与沥青涂到一根较大的枝条上，并将其点燃——固定于夹板或架子上——可燃烧约 20 分钟。

如果一块松明燃尽，必须接续，否则会重新陷入黑暗。松明的火焰会熏黑洞穴顶部，使洞内空气变得污浊。尽管如此，在欧洲偏远地区，这种原始的照明方式一直持续到近代。

如果将松明捆扎成火把，照明亮度会增强。如果用纤维材料将松明包裹起来，纤维材料会充分吸收油脂。古希腊人在祭礼仪式上使用火把的频率较高。在荷马所写的《奥德赛》中——大约成书于公元前 8 世纪至公元前 7 世纪，年轻人声称，他们手持火把，是为了给大厅中的客人们带来光明。当然，人们也可以用火把达到破坏的目的：烧毁敌方的城市和船只。

油灯与蜡烛

世界上现存最古老的灯，一块带有凹陷的扁平石头，约有 2 万年的历史，于法国南部多尔多涅地区的拉穆泰（La Mouthe）洞穴中发现。

带有非固定烛心的油灯广泛使用于古代，延续数百年之久，其间只是燃烧物与油灯样式有所变化。油灯有一不足之处，并未随着时代的变迁而改变：颤动的火苗柔弱无力——仅仅是黑夜中一点无力跳动的光。

数千年来，人们既利用植物油料，也将动物性油脂作为燃料，特别是 19 世纪广泛使用的鲸油。19 世纪，矿物油（石蜡油、煤油）也作为燃料异军突起。美国的百万富翁约翰 · D. 洛克菲勒（John D. Rockefeller）聪明异常。在中国，他让手下的员工散发了成千上万的油灯。但是谁要使用这些油灯，就必须购买纽约标准石油公司的煤油。

可是，即便是配有玻璃灯罩，光焰稳定的最先进的煤油灯，也会有难闻的气味。就这点而言，蜡烛明显占有优势。

早在古代，人们就养蜂，从而有了蜂蜡。据史料记载，最早的蜂蜡蜡烛可追溯至公元 1 世纪。在一本成书于公元

160 年的著作中，古罗马作家卢修斯·阿普列尤斯（Lucius Apuleius）首次提到了蜂蜡蜡烛——用于宗教仪式。虽然这种蜡烛远胜松明、火把及大多数油灯，能做到清洁燃烧，可是日用成本太高。所以，使用蜂蜡蜡烛主要是教堂、修道院与宫廷的特权。烛光给人带来的仪式感一直延续到现在。

相较而言，由动物油脂如牛油或羊油制成的蜡烛更为廉价。但直至 19 世纪初，才有了一种物美价廉的替代品：来自植物油（例如棕榈油）的硬脂酸甘油酯，于 1811 年由法国化学家欧仁·谢弗勒尔（Eugène Chevreul）发现。

但是，无论是松明、火把、蜡烛还是油灯，数千年来，人们只能用微弱的光芒来照亮黑暗。所以，除了使自己的生活节奏适应昼夜更替，他们别无选择。天一黑，大多数人就“按时”睡觉，天一明则“大早”起床——这绝对不限于乡村。

直至 19 世纪，大城市的黑夜仍然被黑暗笼罩，安分守己的市民们尽可能足不出户。17 世纪晚期之前，许多街道的唯一照明来自临街的窗或行人手提的灯笼。从 17 世纪开始，巴黎、伦敦、阿姆斯特丹、柏林及维也纳等城市竖起了煤油灯及油脂灯做路灯，但数量有限，对改善这种情况并无多大帮助。按照今天的标准来看，它们仅仅能起到应急的作用。

第一块里程碑：煤气灯

18 世纪末，那些想要战胜黑暗的人逐渐看到了地平线上的曙光。1783 年，艾梅·阿尔冈（Aimé Argand）发明了一种以自己姓氏命名的油灯——阿尔冈氏灯，能发出数倍于蜡烛的光。一种新的燃烧物质的发现让人更加充满希望，这种物质在之后的数十年照亮了街道、广场与建筑：它就是煤气。煤气超过了以往所有的燃料，它燃烧得持久、明亮，特别是几乎不产生任何气味。

18 世纪 90 年代初，一家工厂首先尝试在厂房内使用煤气照明。1802 年，煤气灯首次在维也纳应用于户外照明。实践证明，这种新型照明工具也可以应用于灯塔。

在英国，人们对煤气灯表现出了极为开明的态度。1813 年，德国的发明家弗里德里希·阿尔贝特·文策尔（Friedrich Albert Winzer），又名 F.A. 温莎（F. A. Winsor），用煤气灯照亮了威斯敏思特桥。一年之后，他又尝试用煤气灯照亮伦敦帕勒购物中心。在王室的支持下，他成立了首家煤气公司。

1814 年 4 月 1 日，伦敦圣玛格丽特街区用新式煤气灯替代了老式油灯，这是欧洲首次在公众场合采用固定煤气照明。欧洲大陆首批采用煤气照明的城市还包括巴黎、柏林与维也纳，时间分别为 1815 年、1826 年与 1834 年。

对于那个时代的人而言，煤气灯的使用引起了轰动。当时，伦敦《月刊》（*Monthly Magazine*）的一位记者报道称："新式煤气灯发出白炽而闪亮的光。"事实上，用今人的眼光来看，早期的街灯更像是一种浪漫的光，如果月光足够明亮，甚至不需要这些街灯来照明。

事情总是这样：一种新的技术发明出现时，总伴随着同时代人的批评。1819 年，《科隆日报》（*Kölnische Zeitung*）发表了一种完全否定的意见，认为新式煤气灯品格低下，因为它们诱惑人们不合时宜地长时间逗留于寒冷的街道，从而影响健康。从今人的角度来看，这一判断几乎具有前瞻性：公共照明就是一种对自然秩序的挑战。

为了保护夜晚，19 世纪明显流行这样一种值得关注的做法：在后半夜关掉煤气灯，从而将其分为"半夜照明"及"整夜照明"，或者限定全年的照明时间。

当时，各个大城市都安排了数以百计的点灯人，他们负责点亮和熄灭煤气灯。今天已经实现了自动控制，几乎没人能够想象，当时人们通过手动进行公共照明。[46]

随着 19 世纪不断向前推进，煤气灯很快就遍布公共场合——所用燃气由当地通过将石煤炼焦生产出来，并存储于气体管道。19 世纪 80 年代，煤气灯照明取得了技术进步：奥地利化学家韦尔斯巴赫（Carl Auer von Welsbach）设计了一种煤气灯，将火焰用纱罩笼罩住。白炽的煤气灯光芒很快就照亮无数商店、私人住宅与公共建筑——只要那里可以连接煤气。后来即使煤气照明早已过时，它的光亮仍旧出现在露营爱好者的帐篷与房车内。

虽然煤气灯一度成功占领了城市的大街小巷，但它绝无法掩盖人工照明问题的症结——发明更新、更明亮的照明手段只是第一步，必然紧随其后的第二步要复杂得多：在照明范围内提供所需的能源——起初为煤气，后来换成了电力。如果无法获得能源，就只能仍旧使用煤油灯、油灯与蜡烛。照明技术日新月异，但在 20 世纪之前，它都是个很受局限的“小角色”，未有大的改观。

第二块里程碑：电灯

对煤气灯一再进行技术优化的同时，19 世纪的人们还在试验着另外一种照明方式，其他所有方式在它面前都相形见绌：这就是电力照明。

数百年来，海员们一直观察着船只桅杆顶端的“埃尔莫火球”。这是一种所谓尖端放电的物理现象。越来越多的研究者关注到“电”这种现象，并尝试用实验对其进行彻底研究。18 世纪晚期，意大利的路易吉·加尔瓦尼（Luigi Galvani）在解剖青蛙时发现了电流的存在，这是重要的一步，后人为了纪念其在化学电池研究方面的贡献，也将电池称为加尔瓦尼电池。

可是，第一盏电灯要在大约百年之后诞生。19 世纪初——大约与研制煤气灯同期——英国的汉弗莱·戴维（Humphry Davy）制造了世界上首只弧光灯。

其制造过程利用了电弧放电的原理。两个碳棒被分别设定为阴极与阳极，二者之间通过电池放电，直至电火花制造出一个明亮的光弧。

戴维成功地使拿破仑皇帝相信了电灯的潜能，后者甚至给这位英国人颁发了一个研究成果奖。法国人莱昂·傅科（Léon Foucault）发现可以用一种硬度更高的材料替代戴维的碳棒：即由粉末制成的炭精，同时添加烟油和石煤焦油。

可是，首代弧光灯并不实用，因为需要人始终在旁照应，以免弧光消失。1848 年，莱昂·傅科与一位同事共同找到了解决办法：发明出可自动调节的弧光灯，通过弹簧装置跟踪碳棒的走向。弧光灯的可用时间由此增加到数个小时。

1866 年，西门子公司的维尔纳（Werner）推出了用于发电的电动机，大大简化了当时使用大体积电池的发电方式。其后数年之中，电力计量与分配的问题陆续得到解决，弧光灯才能够长时间照明。1882 年 9 月 20 日，柏林的波茨坦广场灯火通明。一位目击者兴奋地写道："就在那里，很突然，就像魔法召唤的一样，一下子亮了起来，言语根本来不及描述，整个街道就亮如白昼。惊讶的欢呼声和赞美声响彻了整个广场。"[47]

19 世纪末，欧洲与新大陆的所有街道及广场都闪烁着灯光。与弧光灯耀眼的光芒相比，一度名声显赫的煤气灯就好比闪烁着微光的灯笼。然而，保险起见，各个社区经常将煤气灯与弧光灯一起使用——特别是在傍晚，街道上还是人来人往的时候。随着 20 世纪的发展，城市中心越来越多地使用电灯。电力从一开始就是限制电灯使用的因素。在全国范围内建设配电网络，长期内仍然是需要解决的问题。

发明者之间的竞争

黑夜逐步被照亮，这一过程最初只见于公共场所、建筑工地，还包括特定建筑，如剧院和工厂。对于家用而言，早期的电灯过于明亮，且花费过高。因此，人们继续寻找，想找一种性价比高且可以日常使用的光源，重要的是找到一种亮度适中的灯丝。

如技术发展历史中的其他事例一样，照明技术的突破不止存在于一时一地，不少研究人员各自独立地开展研究工作，其中就包括德国的精密机械发明家海因里希·戈培尔（Heinrich Göbel）。他早在 1854 年就发现，碳化的竹纤维可以使电灯发光。戈培尔移民美国后继续进行实验，发现真空的玻璃容器可以防止灯丝过早烧毁。可是，戈培尔的电灯研发工作并未取得突破，因为缺少可靠而廉价的电源。

最终，美国人托马斯·阿尔瓦·爱迪生作为"电灯之父"被载入史册。正如爱迪生在实验日志中所写，他的心头萦绕着这样一个想法——用电力实现所有利用煤气实现的工作。在新泽西州的门洛帕克，爱迪生评估了当时所有关于电力、煤气灯的知识与专利。1883 年，他创立了爱迪生电灯公司。创立公司的初衷是研发一种可以具有煤气灯亮度的小型电灯。

19 世纪 70 年代晚期，爱迪生和他的团队开始系统地寻找最合适的灯丝。试验了数以百计的材料之后，他将目光投向妻子的针线盒，最终将一根棉线碳化。找到了！ 1879

年 10 月 19 日，爱迪生将第一盏碳丝灯投入使用。1880 年，他为此申请了专利。

在其他国家，人们也在做类似的实验。可是，爱迪生的电灯拥有最长的照明时间。英国人约瑟夫·斯旺（Joseph Swan）是爱迪生的最强竞争者，前者改进了灯丝，使灯丝具有更强的亮度与持久度，并申请了专利。为了不陷于竞争的泥潭，爱迪生与斯旺创立了爱迪生斯旺电灯公司，结果就是世界各地的煤气灯公司纷纷倒闭。

爱迪生与自己的合作者很清楚，只有大规模销售电灯，才可能带来盈利，前提是建设发电厂与电网。于是，爱迪生斯旺电灯公司花费巨资，建设了必要的基础设施。公司还让人敷设地下管道，并研发了电表。为了赢得顾客，公司最初以低于成本价的价格出售电灯。

新式电灯灯光明亮，没有爆炸的危险，而且价格亲民，拥有巨大的吸引力。受到激励的爱迪生，开始在纽约的珍珠大街建设一家电厂。1882 年 9 月 4 日，一个不大于 600 平方米的区域开始联网供电。第一天，联网的电灯数量为 400 盏，两个月之内增加到 5000 盏。

后来于慕尼黑创建了德意志博物馆的奥斯卡·冯·密勒（Oskar von Miller），在讲述他 1881 年参观巴黎博览会的情形时说："最引起轰动的是爱迪生发明的电灯，可以用一个开关来控制，数以百计的人都来排队，为了能自己亲手操控一次。”[48]

“明亮如欧司朗”

在欧洲，电灯逐渐取代了煤气灯。不过，电价还是居高不下。英国的眼科医生也发出令人不安的警告，宣称电灯的光会致盲。可是，另一方同样言辞激烈。西门子—哈尔斯克是柏林的一家灯泡制造商，它竞争不过煤气灯，便在一篇杂志文章中称煤气灯为“……一种有毒的、导致人类窒息的技术，而且有引发火灾和爆炸的危险”。[49]

早在 1897 年，哥廷根的物理学家瓦尔特·能斯特（Walther Nernst）就成功地将金属丝用作灯丝。虽然“能斯特灯”必须大费周章地进行预热，但是使用金属灯丝着实另辟蹊径。因发明了煤气灯纱罩而闻名的韦尔斯巴赫，在实验中完美地将锇与钨这两种金属结合起来，使其很快进入白热状态，甚至在高温条件下也不会断裂。1906 年 3 月，德国煤气灯公司向柏林的皇家专利局递交材料，申请欧司朗为“电力白炽弧光灯”商标。一时间，“明亮如欧司朗”成为流行语。

随着黑夜被照亮，职场发生了巨大的变化。夜班与倒班工作越来越受到重视，人们也有可能重新规划晚间活动。在电灯光芒的照射下，现代夜生活拉开了帷幕。人们在灯火通明的酒吧或咖啡馆碰头，或徐徐走过灯光璀璨的商店橱窗。

广告商们很快就发现了商机——用灯光来吸引顾客。19世纪末20世纪初，人们发明了灯管：圆柱形的玻璃容器内被灌注了气体，两端则焊接了电极。如果加以电压，灯管内则产生辉光。辉光的颜色随灌注的惰性气体而变，例如，灌注氖气，则呈现红—橙色。

灯光设计者们欢呼雀跃。在大城市，主干道各处都安装了发光广告牌。纽约成为“不夜城”，欧洲各大城市也角逐着“灯光城市”的头衔。尽管欧洲的巴黎自视为灯光之城，但一个澳大利亚的电气工程师团队于1912年肯定了柏林，认为它是世界上光照度最高的城市。

电灯的胜利征程

在很长一段时期内，夜晚被照亮的程度受限于地方的供电能力。电缆网络造价昂贵，而且没有人能够估算长期的实际需求，这就止住了投资热情。所以，电灯最初主要于大城市“开疆裂土”：纽约、伦敦、巴黎与柏林。这些城市的主要街道与广场早就灯光闪烁的时候，偏远地方的人们还在使用着煤油灯。

在德国，第一次世界大战使电灯的推广最终实现了突破，并取得了经济上的成功。煤炭资源稀缺，煤气工厂无法再利用石煤生产燃气。不久，城市中就只能采取紧急照明。

第一次世界大战之后，情况并未有所好转，因为大量煤炭不得不输送给战胜国。煤气价格上涨的同时，电价下降，电灯的最终胜利已经势不可挡。煤气公司不得不为自己的能源寻找新的出路，最后发现其可以应用于厨房（煤气灶）与锅炉房。

然而，直至数十年后，电力才覆盖了德国所有地方。在许多乡村，20 世纪 30 年代才有了电力。但是，从爱迪生在美国东海岸获胜，到电力与电灯最终于发达国家获得普遍应用，才用了一百年，时间确实不算长。

在过去数十年间，人工照明已深深植根于地球所有有人居住的地方。照明技术日益精湛，自从发明节电的 LED 灯具，用电也越来越廉价，越来越多的人承担得起全天候用电，电的征程似乎一片坦途了。莱布尼茨学会成立了“失去的夜晚”研究小组，其科学家确信：“由于每年人工照明以超过 5% 的比例增长，德国的天空越来越明亮，”[50] 卫星照片也清楚地表明了这一点。在人口众多的国家，海岸线变成了闪烁的光带。大城市普遍灯火通明，在太空可以明显看到它们的位置。

如果比较各个大洲夜晚的照片，会发现灯光的光点和线条急剧扩散。保罗·波嘉德（Paul Bogard）在他的著作《夜晚》中说，各个大洲似乎已经被火焰吞没，并预言道："不久之后，西方世界就没有一个人不是一生都伴随着灯光；不久之后，没有人会回忆得起没有灯光的夜晚。"[51]

毫无疑问，人工照明的发展是一部令人印象深刻的成功史，另一方面它却让许多人日益担心。如果人们提高自己的认识，并引入智能灯光管控系统，会阻止灯光肆无忌惮地泛滥下去吗？

饶有趣味的是，如果人们今天将爱迪生、西门子等人引至夜晚的时代广场、皮卡迪利广场或亚历山大广场，他们将作何感想？他们会对潮水般的灯光感到骄傲吗，抑或他们会受到惊吓："这并非我们的初衷"？

“我们可能会失去一种宝贵的自然经验”

——与天文学家安德烈亚斯·汉奈尔的对话

从1986年以来，安德烈亚斯·汉奈尔（Andreas Hänel）博士就一直在奥斯纳布吕克的自然历史博物馆工作，负责博物馆的天文馆。1994年，他为奥斯纳布吕克环境博览会设计了一个展览，主题是当时还不常见的“光污染”。自那时起，他就开始研究这一主题，最后作为专家而闻名于德国国内外。安德烈亚斯·汉奈尔博士是星空爱好者协会（Vereinigung der Sternenfreunde）下属的暗夜协会（Fachgruppe Dark Sky）的发言人，该协会与国际暗夜协会（International Dark-Sky Association，IDA）建立了联系。汉奈尔博士为德国暗夜保护区的建造给予了专业支持，2015年于柏林被德国的《地理杂志》（*GEO*）授予著名环境奖项“绿棕榈奖”。国际暗夜协会授予了他“伽利略奖”（2009）与“大卫·克劳福德奖”（2015）。

施密特：许多人还不熟悉“光污染”这一概念。有趣的是，这个问题并非环保主义者发现的，而是天文学家。黑夜已经沦陷，您和您的同事们什么时候认识到了这一点，发现这并非一个天文问题呢？

汉奈尔：说来话长。一百余年前，各个天文台就不得不远离城市（例如波恩、柏林），转移到郊区或更远的地方。

施密特：历史上首次提到渐行渐近的光污染，并非为了警告人和自然面临的危险，而是与天文研究条件的恶化有关？

汉奈尔：20 世纪 50 年代，“光污染”这一概念才被提出。但是，它对于大自然的影响——比如对于黑尔戈兰岛（Helgoland）灯塔上的鸟类的影响——早已不是秘密，只不过当时没有使用这一概念。而昆虫学家们早就开始使用紫外线灯，以吸引并捕捉昆虫。

施密特：今天提到光污染，通常都是出于生态学的角度。理念是这样的：当心，我们正在威胁或毁灭某些对于人类和动植物非常重要的东西。这种出于生态学的考虑何时成了天文学的主题呢？

汉奈尔：正如之前所言，人们早就熟知光污染的影响。德国环保局于 1999 年在菲尔姆岛（Vilm）召开环保会议，[52]

凯瑟琳·里奇（Catherine Rich）与特拉维斯·朗科（Travis Longcore）于2002年组织了洛杉矶环保会议，并发表了会议报告。两次会议之后，人们就更清楚光污染的影响了。

施密特：人类认识到这一问题了吗？是否重视这一问题呢？就像数十年前，人们渐渐感觉到“空气污染”与“水污染”的紧迫性，慢慢就没有人再质疑环保行动的必要性。

汉奈尔：许多人都知道“光污染”这一概念，却多半并不十分清楚个中含义，也不知道“光污染”是如何产生的，以及人们可以采取哪些简单的措施进行治理。

施密特：如今，许多大城市的居民都将自己的生活完全置于灯光照明之下，在自己的住处完全看不到自然的星空。能看到北极星和天狼星就不错了。

汉奈尔：我当然并不清楚人们心中到底作何想法。但是我发现，人们缺乏一种很重要的自然体验。

施密特：认识并确认某个问题是一方面，解决这个问题是另一方面。现在已经针对“光污染”采取什么措施了吗？

汉奈尔：一段时间以来，许多人都在谈论光污染，认为可以为此做点什么——可惜，事实并非如此。尽管人们可以通过节能照明节约许多能源，却意味着会带来更多光污染……

施密特：现在，天文台与天文研究机构只能依赖于尽可能自然的夜晚。对于德国的天文学来说，人工照明意味着什么？您会为了天文研究而搬迁吗？

汉奈尔：已经在搬迁了，但是并非完全因为光污染。现代化的天文观测站耗资巨大，必须尽可能高效使用。在中欧，晴朗的夜空比较少见，所以那里几乎不适合建造观测站。可是，即使在偏僻的沙漠地区建造大型观测站，也有必要针对光污染采取保护措施。

施密特：最迟至面对空气污染这一问题时，我们就已认识到，许多环境问题并非地方或地区性现象，它不受国境线的限制。这意味着，德国的光污染问题很可能需要从整个欧洲的角度加以治理。应当整合各种治理目标，设定明确的标准，例如需要考虑光色与光的散射方向。我们可以做到这些吗？

汉奈尔：德国面临的问题并未像其他国家那么严重，例如意大利、西班牙或法国。在那些国家，采取环保措施已经变得很有必要。可是，这些环保措施是否足够有效还有待考量。无论如何，我们要时刻对人们使用人工照明与相关能源的方式进行研究。希望这样会有效果。

施密特：另一方面，一个小小的进展很可能就是一种胜利。无论哪一条街道的照明方式被优化，无论哪一盏私人灯具降低亮度，都有助于人类接近自然。这样说，算自欺欺人吗？

汉奈尔：仅仅改造几条街道或优化有限的照明，这并没有太多帮助。但是，这不能让我们失去信心。有句话叫作“水滴石穿”，在用量与用时方面，即使优化一盏灯光，也是拯救黑夜的一个局部胜利。

施密特：数年来，您一个人穿行于德国各地，为更负责地使用灯光做宣传，特别是在公共照明领域。人们愿意倾听您的观点吗？

汉奈尔：我希望能找到愿意倾听的人，可更重要的是，人们要睁开眼睛。

施密特：在过去数十年间，人们经常谈论的重大的环境问题，如空气污染与水污染，已经明显得到改善。人们为此投入了大量资金，例如建造过滤与处理系统。与此相反，光污染似乎并非完全是资金的问题。

汉奈尔：实际上，如果人们按需使用灯光，会更容易节省大量资金。要这样想：我们根本不需要投入大笔资金，相反，我们甚至可以通过合理照明节省很多资金。

施密特：对于以后要采取的步骤，您有计划吗？为解决，至少部分解决光污染这一问题，必须按怎样的顺序采取措施？

汉奈尔：相关负责人员（负责公共照明、建筑审批与设施规划的人员）必须多多了解人工照明带来的负面影响。必须引导生产商们优化照明方案，并将其纳入生产计划。

施密特：如何对光污染进行测算？有没有一种经过认可的测算方式？

汉奈尔：可以用简单的照度计来测算光照强度，并与标准值相对照。在主干道，光照强度不必高于 10 至 20 勒克斯。在住宅区的道路上，1 至 2 勒克斯就已足够。通过观察夜空星星的密度，可以得知夜空的质量（Global at Night，Loss of the Night App）。如果想更精确，可以借助于所谓的“天空质量计”（Sky Quality Meter，SQM）。

施密特：中欧人口众多，哪个地区夜晚保护得最好？

汉奈尔：在德国，当然是威斯特哈弗兰（Westhave-lland）与勒恩（Rhön）这两处暗夜保护区。除此以外，还有其他几个地区，例如艾费尔国家公园、施瓦本河谷和普法尔茨森林。在法国，我去过米勒瓦什自然公园，在那里看到了令人印象特别深刻的星空。

施密特：有一种公认的参考标准吗，例如一种卡片，人们可以通过它上网了解本地的光污染情况？

汉奈尔：我们正在筹划新版的全球光污染地图。目前可以通过 www.lightpollutionmap.info. 这个网址加以了解。

施密特：汉奈尔博士，非常感谢您接受本次采访。

◎ 国际暗夜协会

天文学家们观测星空时，经常被光污染现象严重干扰，因此毫不为奇，他们首先组织起来反对这种现象。天文学家大卫·克劳福德（David Crawford）博士在基特峰天文台工作，提摩西·杭特（Timothy Hunter）博士是业余天文学家，二人有一个共同的目标：通过合理的照明来保护星空。1988年，二人在亚利桑那州的图森成立了国际暗夜协会。目前，该协会在世界70个国家有大约4000名成员，并在多个国家有分会或合作伙伴。此外，该协会还成立了跨国办事处：比利时的办事处负责欧洲相关事务，澳大利亚的办事处负责亚太地区。

对不向天空发出散射光的灯具类型，国际暗夜协会会授予其一个图章。协会还与北美照明工程协会（IESNA）合作，制订了标准照明章程。

2007年以来，国际暗夜协会对这类地区进行了表彰：仍旧拥有自然夜晚，而且通过合理的照明对其进行保护，并推行关于天文学和光污染的教育工作。这些地区包括各种类型的市区（或岛屿）、公园（主要是公共区域，如美国的国家公园）或自然保护区（自然面貌多样的区域，其夜晚受周边缓冲区的保护）。在德国，诸如此类的区域通常被称为“暗夜保护区”（Sternenpark）。此外，国际暗夜协会还在网站发布数量庞大的相关资料。

国际暗夜协会在德国的合作伙伴是“反对光污染的暗夜协会”，它从属于星空爱好者协会（正式注册），后者是德国业余天文学家、天文学家协会与民间天文台的最大联合组织（www.sternfreunde.de）。该组织每年面向自己的成员出版四期杂志，内容广泛，并配以大量插图。

人类与星空

早期的观星

经常仰望繁星吧——好似你在和它们共同漫步。这样的想法会使你不受尘世的污染，会净化你的心灵。

马可·奥勒留[53]

夜空中繁星闪烁，抬头仰望会让许多人产生一种庄严感。遥望无边的宇宙，也会产生这样一种想法：也许人类并没有自己想象的那么重要。星空在人类之后将依然存在，正如它在人类之前久已存在一样。

早在史前时代，人类的祖先就已经开始研究日月星辰的运行规律。在一个没有日历和钟表的世界，只能利用天体的运行来计算时间。人们认识到夜晚长短变化的规律，发现这一规律对应着天体的运行，便以此安排自己的事务。与今天相比，当时人们的生活更直接依赖于天气与收成的好坏。很长一段时间内，人们都相信星空及太阳的运行轨迹与天气现象之间存在直接关系。他们全然无法理解这一切，便通过宗教加以解释，将其归因于超自然力量。他们还为天上诸神封了头衔，向诸神献祭，希望能得到宽容的对待。

法国拉斯科的岩洞壁画（创作于公元前 17000 年至公元前 15000 年之间），被视为人类观星的最古老证据。科学家们在岩画上发现了天文学的元素，其中包括带有昴宿星团的金牛座。

随着人类开始定居，农业发展起来，此时有必要确定播种与收割的时间。歉收会影响整个族群的繁衍。观星与季节更替的规律使人能在一定程度上做出关于农业的预测及判断，这满足农民的需求，并使他们可以确定节日与祭礼的日期。此外，贸易逐渐兴起，这使商路上的导航技术变得日益重要，而精确地观星可以使人辨别方向。太阳东升西落，指示东西方向，晚间则靠星星来辨别，主要是北极星和南十字星。

除了月亮与其他几个星球的运行轨迹，太阳的运行轨道对于人类来说也至关重要。于萨克森—安哈尔特州的戈塞克发现的新石器时代的环形沟墙，距今近 7000 年，很形象地反映了没有技术条件支持的天文学。与英格兰南部著名的巨石阵一样，戈塞克的环形沟墙也被视为太阳观测站，用来确定太阳在一年当中的运行轨迹，而巨石阵的时间要比环形沟墙晚得多。

没过多久，人们就发现，“不动点”于数年之后就不再准确如初。毕竟，一年并非有365天，而是比365天多1/4天。1999年，人们发现了约4000年之前的内布拉星象盘，该星象盘表明了早期人类是如何调节历法的年度天数与地球实际公转周期的时间差（闰年）。

人类最早的关于星象的直接记载出现于苏美尔人在陶板上刻制的楔形文字中。苏美尔文明是地球上首个高度发达的文明，其天文学成就发掘于美索不达米亚，这里曾是苏美尔人与巴比伦人（如今的伊拉克人）的聚居之处。在苏美尔人刻有楔形文字的陶板中，有一块来自公元前1700年，上面已经提及太阳车、昴宿星团与其他明亮的单星。一些制作于大约公元前1100年的陶板，刻画了北半球的30余个星座。

后来，这些陶板上的内容被传至希腊，在那里，它们或被接受，或被重新命名，或被补充。公元2世纪中期，古希腊人克劳狄乌斯·托勒密创作了著名的《至大论》，在书中列举了大约1000颗星辰，重复了喜帕恰斯（Hipparch）于公元前130年前后在一份星图中列举的内容。在《至大论》中，克劳狄乌斯·托勒密归纳了48个星座，它们直至今天仍被承认。这本书首先保存于阿拉伯世界，伊斯兰教席卷伊比利亚半岛之后，又流传至西方世界。直至中世纪，《至大论》都受到人们的极大重视。

之后数百年，欧洲列强在征战南半球的过程中，对《至大论》中的星座进行了补充或重新命名，并吸收借鉴了新大陆的文化，例如玛雅天文学。直至 1919 年，随着国际天文学联合会的成立，才结束了纷乱的状态，建立了一个囊括所有星座的有效目录。该目录包括 88 个边界精确的区域，其中就有我们今天“公认”的星座。除了欧洲人，中国人、印度人与北美的印第安人也都建立了自己的星座。时至今日，星座已不再用于定向及确定时间。可是，夜晚的星光依然激发着许多人的想象。

“地心说”的终结

> 去月球吧。即使你没有落到月球上，身旁也遍布着星光。
>
> 弗里德里希·尼采[54]

数千年间，人们只能用肉眼观星。这一情况于 1609 年末得以改观——意大利知识广博的学者伽利略·伽利雷开始用望远镜观察夜空。而在此前一年，荷兰人扬·利伯希（Jan Lippershey）发明了早期版本的望远镜。伽利略得知以后，在自己的工场研制出了一个更好的版本。当时，世界上还流行托勒密的“地心说”观点，认为地球是宇宙的中心。可是，伽利略通过实际观察，给出了确凿的证据：尼古拉·哥白尼是正确的。哥白尼认为，包括地球在内的各个行星都以太阳为中心，围绕着太阳运行。思想家乔尔丹诺·布鲁诺及更早的数学家、天文学家阿里斯塔克斯（Aristarchos）也都曾提出类似观点。可是，直到伽利略使用望远镜，地球才终于回到自己的位置上：它是一颗围绕太阳运行的行星，同时也围绕着地轴自转，绝对不是宇宙的中心。

17 世纪初，约翰尼斯·开普勒发表了行星运动的三大定律。三大定律使人们可以计算行星的运行轨迹，在确定卫星的运行轨道等方面也起着重要作用。开普勒还打破了一种传统观点：长期以来，几何学中的球形与圆形象征着完美、整体、和谐与无穷无尽，寓意神圣。因此，按照这种说法，所有天体都应该是完美的球体，而且沿着完美的圆形轨道运行。开普勒驳斥了这样异想天开的想法：地球和其他行星围绕太阳运行的轨迹并非完美的圆形，而是椭圆。也就是说，它们划出了卵形轨道。在德语中，“椭圆”（eiförmige）这个词派生自希腊语，引申义为“遗漏”或“不足”。

17 世纪初望远镜的发明、伽利略与开普勒的发现——合称为哥白尼式转折点——标志着认知层面的新纪元。人们的世界观及自我认知发生了变化，知识逐渐取代了信仰。渐渐地，技术进步给天文学家及物理学家增添了越来越得心应手的辅助工具。

伽利略逝世 400 年之后，国际教科文组织与国际天文学联合会将 2009 年定为国际天文年。在这两年之前，《星光宣言》(*Starlight Declaration*)[55] 宣布：夜晚的星空是人类的共同财富，所有人都有权利看到星空！[56]

夜晚充满了生机

——黑夜对于动植物的意义

数百万年，地球上的所有生命就以可靠的昼夜更替节奏为指引，这种指引已经写进所有动植物的遗传基因。人类照亮了黑夜，极大地干扰了这一体系。

国际暗夜协会网站主页[57]

夜晚并非单纯地只是白天的另一半，它本身也充满了生机。大约 30% 的脊椎动物与超过 60% 的无脊椎动物都在夜间活动。如果将在晨昏活动的动物计算在内，这一比例还将上升。对于这些动物而言，黑暗是它们天然的生活空间，它们所有的感官都为此而生。在夜色的保护下，这些动物进食、捕猎、群居并繁衍。可是，白天却少见它们的踪迹。与此相反，白天活动的动物和人类需要在黑夜中休息。生命分为白天活动和夜间活动两种类型，它们将轮流利用同一片生存空间。

许多种生物在夜间活动，在黑暗中生活。昆虫围绕着我们花园的灯光飞舞，蝙蝠在我们晚间散步的时候飞来飞去，老鼠在黑暗中窜过走廊。但是，城市居民几乎感觉不到夜间动物的活动。从人类的角度来看，夜间动物几乎隐藏了起来。

好在，人们正慢慢认识到这一点。近几年，一些自然保护者逐渐认识到，人们忽视了“夜间”生活空间。科学家克里斯托弗·凯巴（Christopher Kyba）认为，对于在夜间活动的动物而言，“人工照明意味着生活空间最剧烈的变化”，此观点发表于国际暗夜协会网站的主页。“在城市附近，与200年前相比，天空变亮了百倍，甚至千倍。我们开始意识到，这对夜间生物群落造成了多么剧烈的影响。”[58]

没错，我们在过去数十年间致力于保护自然，也取得了一些成就。可是，我们在保护自然的过程中只关注了白天。其实还有另外一面：夜晚中的大自然。

遭遇干扰，甚至致命危险：鸟类

科学研究清楚地表明，夜间的人工照明给许多生物——两栖动物、鸟类、哺乳动物、昆虫与植物——带来了负面乃至致命的影响。

国际暗夜协会网站主页[59]

夜间的灯光似乎神奇地吸引着鸟类，同时却也迷惑着它们。夜间迁徙的候鸟会特别受到影响——数量高于人们的预估，其种类数以百计。

许多种类的候鸟迁徙，其生物意义在于找到一个地方，那里拥有当季最好的生活条件。典型的例子是，北半球的许多候鸟在夏季——孵化与哺育幼鸟的时节——停留于北方。这一段时间，在远至北极的广大原野，这些候鸟能找到丰富的食物，主要是昆虫。但是它们在南方过冬：地中海或远至非洲。季节性栖息地不能全年为鸟类提供食物，在这些地区生活的鸟类必须定期迁徙。

然而，并非只在冬季来临或春暖花开的时节，才有鸟类的迁徙。几乎整年都有鸟类在夜间活动，例如尚未求偶的鸟类。对于“为何在夜里迁徙”这个问题，有一个很实际的回答：因为它们需要在白天进食，补足自己的能量。此外，夜间的气流大多比白天稳定，更适合鸟类飞翔。

对于许多鸟类而言，夜间飞翔是千百代以来的固定行为模式。它们如何定位，如何在长途飞翔之后准确地返回数月前的栖息地，这些都是自然生物学令人感兴趣的方面。

鸟类的生活取决于昼夜的自然更替与白昼时长的季节性变化（光周期）。生物节律调控着动物的季节性活动：繁衍、孵化、脱羽，也包括候鸟开始迁徙的时间。夜间飞翔期间，候鸟依靠各种形式的定位方式或导航方式：它们利用太阳脉冲、夜空中的星星以及地球磁场。它们拥有特殊的感官，包括适应夜间微光的感光细胞。

候鸟的这套系统涉及感知、估测与定位，千百年来，只有满足下列基本条件，其才能完美地发挥作用：除了月亮和星星，夜间没有其他光亮。如今，这一条件在许多地方受到了破坏。

如果你在地中海度假之后往北飞，正值一个万里无云的夜晚，你就会亲眼看到这种“破坏”：你几乎没有时间能完全感觉到黑暗，几乎始终能看得到脚下的灯光——或是一个个的明亮光点，或是暗夜中被点亮的岛屿，或是成片的耀眼光带。候鸟也经历着相似的情形——只不过它们并非在万米高空，而是在低得多的空中飞翔。

在晴朗的夜晚，鸟类通常高飞，不让地面的灯光影响到自己。可是，如果阴云密布，或大雾笼罩，它们就会找不到星星来定位。在这样困难的条件下，灯光似乎指引着安全的着陆点。于是，在浓雾笼罩的天气条件下，成群的候鸟通常飞向明亮的光源——灾难就这样发生了。

夜晚，除了城市中心上空大面积的光影，单独高高耸立的灯光建筑，如大厦、海上钻井平台与桅杆，都将候鸟引向死亡。所谓的“投影灯”也具有致命的效果。强烈的灯光干扰鸟类的视力，使它们无法意识到高压线、栏杆或玻璃幕墙之类的危险。鸟类经常会因撞击这些事物而死，人们形象地称之为“塔猎杀现象”（Towerkill）。

黑尔戈兰岛鸟类观测站的奥姆莫·赫波普（Ommo Hüppop）博士，著有《夜晚的终结》一书，其中关于候鸟的章节颇给人以启发。他指出候鸟具有很高的飞行速度。夜鸫的飞行速度超过 40 公里 / 小时，涉禽为 30 至 50 公里 / 小时，而野鸭的飞行速度甚至达到了 80 公里 / 小时。[60] 如果顺风飞行，它们的速度会更快。所以，如果一只鸟以这样的速度撞到障碍物，结果不言而喻。

奥姆莫·赫波普博士沮丧地描述了鸟类因撞击单独的电视塔而大量死亡的现象，他指出：根据美国鱼类与野生动物救援组织的估计，每年在美国因撞击广播电视塔而死亡的鸟类达数百万只。而保罗·波嘉德也在自己的书中详细地列举了例子，说明鸟类如何因机场的引航灯光、广播塔的指示灯及高楼大面积反射的灯光而死亡。他还在书中提到“我们曾在早晨的街头拾到大量死亡的鸟”。[61]

如果一群候鸟被光诱惑，往往很难再回到正途。如果因光而飞错方向或长时间围绕光源盘旋，许多鸟会因力竭或惊慌失措而崩溃。即使它们摆脱灯光的干扰，继续踏上征程，也会因之前的情况损失许多时间，特别是会消耗许多体力，这会妨碍它们完成长途飞翔的任务。

灯光吸引鸟类并致其死亡，这并非新近的现象。早在19世纪，灯塔及灯塔船的工作人员就对此做过报道。与过去相比，改变的只是规模。“灯光陷阱”的数量急速增长，公海上亮起灯光的船只也越来越多。奥姆莫·赫波普博士一针见血地说：“人们使用灯光，是为了吸引他人的注意力，例如利用灯光突出招牌，为办公场所照明，提高航船、航空及陆地交通的安全性，这些却越来越成为鸟类的梦魇。”[62]

“每年，数以百万计的飞鸟都因撞击本无需照明的房屋与塔楼而丧生，”国际暗夜协会网站的主页上写道，“候鸟依赖于随季节而异的精确信号。人工照明使得它们过早或过迟迁徙，从而错过理想的天气条件，无法正常哺育、觅食并进行其他活动。”[63]（参见92页及之后的内容）

在这种情况下，“希望之光”就是“熄灭灯光！”一些美国城市打响了战役，因为那里的人们不愿再看到飞鸟从夜空中摔落。

对于为了安全而设置的灯光，比如桅杆和塔楼顶端的照明装置，人们不愿意为了候鸟而关闭。实际也全无必要。似乎有证据表明，主要是持续的灯光使鸟类死亡，而闪烁的光芒带来的危害则少得多。科学家们证实，自从将灯塔与广播电视塔上的灯光由持续光改为闪烁光，鸟类死亡的数量明显下降。

◎ 受到干扰

虽然候鸟命运的轨迹已被详细记录，但它们并不是人工照明唯一的牺牲品。例如，在街灯、橱窗灯光及汽车大灯的照耀下，乌鸦、蓝山雀与红胸鸲明显很早——有时候甚至在夜里——就开始鸣叫。它们的生活节奏已经受到了干扰。

富尔达的自然保护专家斯特凡·泽恩克（Stefan Zaenker）经过观察，对这一现象给出了说明。他说："我经常在夜里很晚的时候乘坐火车回到富尔达，然后从火车站走着去开我的汽车。附近的停车场树木环绕，灯火通明。我经常会在半夜听到鸟鸣，它们以为天已经亮了。我经常问自己，这些鸟什么时候睡觉，它们也是要休息的。"

生活在城市里的乌鸦比生活在林区的乌鸦提早数周哺育后代，可惜在这个时间，用来抚养后代的食物并不充足。在蓝山雀身上，人们也发现了同样的现象：如果雌性蓝山雀的巢在街灯照射范围内，它产卵的时间就早于将巢筑于暗夜中的同类。

畏光的生物：蝙蝠

世界上约有1000种蝙蝠。许多人害怕蝙蝠，然而它们却是很有用的食虫动物。例如：水鼠耳蝠一个夜晚就能消灭5000只蚊虫——大约占其体重的1/3。它们这么做，是因为需要很多能量。保罗·波嘉德经过计算发现，蝙蝠每年可以为美国农民节约上百亿美元的杀虫剂费用。[64]

蝙蝠是完美的夜间动物。人们一开始并没有意识到，人工照明的直射光与散射光会给它们带来问题。此前，人们观察到蝙蝠追逐被灯光吸引的昆虫，因此将蝙蝠归入人工照明的受益一方。最新的研究却说明了相反的一点：英国埃克塞特大学与爱尔兰蝙蝠保护站共同开展了一次大型研究，结论是，与活动于暗夜中的同类相比，在光照条件下活动的蝙蝠活力通常较小。为了开展本次调查[65]，共于600个地点对25万只蝙蝠的叫声进行了评估。

总体而言，人工照明通常不影响在林中捕食的蝙蝠，而是主要影响树林周边或住宅周边的蝙蝠，即靠近人类的蝙蝠。

在与本书作者交谈的过程中，蝙蝠专家斯特凡·泽恩克肯定了自己的以下观察："大多数种类的蝙蝠都因人工照明而受到干扰，特别是在哺乳幼崽的时候。如果长时间受到光照的影响，它们就干脆离开自己的栖息地。”

泽恩克举了黑森州东部一个教堂的例子。那个教堂的屋顶上生活着大群鼠耳蝠，有一次，屋顶连续几天都亮着灯光，鼠耳蝠们就离开了自己的孩子。人们偶然中发现了这个情况，于是蝙蝠保护者们救活了至少一部分幼崽。

泽恩克说：“如果对老建筑采用人工照明，也会导致类似的情况，但却不易被人们发现。水鼠耳蝠乐于栖息在桥梁中，利用那里的孔洞或缝隙来哺育幼崽。如果这座桥梁安装了照明装置，就会赶走成年蝙蝠。而幼崽一旦力气耗尽，就会跌落水中。”

在这种背景下，教堂的灯光照明就成了蝙蝠保护者们的心头大患。教堂塔楼除了是蝙蝠特别喜爱的栖息地，也受到几种鸟类如红隼的青睐。刺眼的灯光会给它们的生活带来难度。无论如何，教堂的照明都是一种光污染。特别是在塔楼被照亮的时候，大部分刺向夜空的光漫过教堂，照进黑夜，加重了当地的光污染。

然而，因为结果取决于灯光照射的时长，所以即使是考虑到蝙蝠，也有改进的余地。泽恩克说：“如果在夜里 10 点之后关闭水岸边的光源，蝙蝠至少可以在夜晚余下的时间尽情捕捉昆虫。教堂或城堡出于吸引游客的目的安设的人工照明装置，可以将照明时间限制在几个小时之内。”至于花园灯光（多余的灯光），可以按照类似的方式于后半夜停用。

也许有人会说，情况并没那么糟糕。无论如何，蝙蝠只是会受到影响，不会受到伤害，不会像候鸟撞到人工照明建筑物那样危险。这种观点当然不无道理，可如果经常数小时处于照明之中，蝙蝠就会被激怒。它们会转头离开——而这会改变当地的生态结构。昆虫被吃掉的数量减少，整体数量就会呈现爆炸性的增长。泽恩克明确地说：“当地居民会很疑惑地发现，蚊子突然多了起来。”到目前为止，蝙蝠之类的动物家族没有受到人们的重视，为了它们而改变行为方式，似乎并不符合人类的利益。

对黑夜最“友好”的照明工具，例如勒恩——联合国教科文组织认可的生态保护区——的瓦塞库伯峰（Wasserkuppe）采用的照明灯具，名叫“蝙蝠灯”，并非没有原因。

落入灯光陷阱：昆虫

我们都很熟悉这种情景：在灯光的诱惑下，无数昆虫围绕着暗夜中的一盏灯，其中有夜蛾、蝴蝶、蜉蝣目昆虫、毛翅目昆虫、膜翅目昆虫、脉翅目昆虫、双翅目昆虫、甲壳虫、椿象、蝉及其他小型昆虫。在世界所有已知生物中，大约半数为昆虫，仅德国就有大约 33000 种昆虫。很大一部分昆虫都在夜间活动。

特别是在温暖的夏夜，大量的光源随处可见。昆虫们在光束中急急飞舞——如果它们还未靠近光束中心——试图逃脱灯光陷阱。可是，一种带有“捆绑作用”的吸引力阻止它们离开光照区域。持续的飞舞消耗了太多能量，它们便筋疲力尽地坠落到地面。其他昆虫则像自我毁灭一样离光源越来越近，最终被烧死。对灯光的追逐使昆虫们付出了生命的代价。美因茨的动物学家格哈德·艾森拜斯（Gerhard Eisenbeis）著有《昆虫与人工照明》（*Insekten und Künstliches Licht*）一文，收录于《夜晚的终结》一书中。文中提到，“从数量而言，相当一部分昆虫因为追逐灯光而死，无论是主动还是被动”。[66]

可是，并非所有昆虫都在与灯光的接触中丧生。许多昆虫成功地避开了灯光陷阱，并重新飞回到黑暗中。有些则逃到植物上，或落到地面，昆虫学家们认为这是它们迷失方向或力气耗尽的表现。接下来，这些昆虫不再活跃，而这违背了它们的生物本能——从而被夜间生物群落淘汰。格哈德·艾森拜斯认为：“一旦进入光照区域，这些昆虫就仿佛处于白昼光照下，这激发了它们的休息机制。所以，灯光也会对昆虫产生很强的抑制效应。”这位动物学家还补充说，也有一些昆虫很少受光照影响。

◎ 丰富的猎获物

在夜间生活空间受到干扰的时候，也有个别受益者。一些种类的蜘蛛乐于在照明装置附近织网。一旦迷失方向或筋疲力尽，昆虫就会落入网内，成为蜘蛛的猎物。一些飞行速度较快、较为耐光的蝙蝠也积累了经验，有目的地在灯光范围内捕食自己的猎物。

灯光为何会吸引昆虫？答案与昆虫的视力有关。昆虫拥有视力发达的眼睛，可以适应极为微弱的光线条件。例如，蜉蝣目昆虫的两只眼睛分别能适应正常光线和微弱光线，并能高效地利用微弱光线，即使在接近完全黑暗的条件下也能看到东西。借助于感光细胞，它们还能感觉到光线的分层。在夜色深沉的时候，数百米外的灯光都可以吸引它们。与此相反，明亮月夜条件下，灯光对这类昆虫的吸引效应缩减至 50 米以内，因为周围环境已被月光照亮。

因此，拥有极高视力的昆虫种类谜一般被灯光吸引，并不奇怪。但是，昆虫一旦被灯光吸引，就有致命的后果。有一点极其讽刺，使昆虫得以适应黑夜的优势，在人为干扰的自然环境中正日益表现为一种劣势：它们具有适应微弱光线的极高能力，这种能力却同时让它们对灯光特别敏感。

在很多情况下，追光昆虫的数量取决于室外温度与光照强度。总体而言，夏季的时候，更多昆虫活跃在生机勃勃的大自然。如果灯光带有较强的紫外线，就会对它们产生特别强烈的吸引。

如果昆虫围着一个光源飞舞，其死亡的数量还取决于灯罩的密封性能。许多读者应该已经亲眼目睹过，飞近光源的昆虫好似被驱使般，试图直接与光源接触。如果灯罩存在缝隙或密封性不好，昆虫就能进到灯的内部——这意味着它们肯定会死亡。灯的内部也随之被污染，隔段时间就必须进行清洗——而这并非安装者的本意。单单考虑这一点，户外照明的管理者就有理由关注照明装置的有效密封性能。

莱布尼茨学会“失去的夜晚”研究小组的科学家们做了如下计算：夏季，每晚平均有 150 只昆虫丧生于一盏路灯。假设公开场所安放大约 800 万盏路灯，每个夜晚将有数十亿只昆虫因此而失去生命。[67]

因斯布鲁克（Innsbrucker）的蝴蝶专家格哈德·塔尔曼（Gerhard Tarmann）举了一个并不很新的例子，来说明这种吸引效应有多么强烈：1964 年，因斯布鲁克——奥地利蒂罗尔州的首府——举办冬季奥运会，为桥梁及水岸区域设置了永久照明。其后数年，该地的夜蛾数量急剧减少。另外一个例子是阿尔卑斯山谷，那里原本蝴蝶数量众多，为旅游业设置许多照明之后，也产生了类似的捕空效应（Leerfangeffekt）。可以想见，此种生态破坏没有被人们算进任何一种成本里面。[68]

“失去的夜晚”研究小组的成员指出，虽然大多数物种都对含较高紫外线及蓝光的光——即短波光——更敏感，但实际上并不存在一种完全对环境“友好”的光色。冷白光则易导致所有可能产生的负面影响。

不同物种对光谱的感光范围不一样，部分光谱对于人类而言或不可见，或几乎不可见。一种理智的说法认为：无论人们使用何种类型的灯，灯光的光谱范围总会与若干生物机体的视觉敏感度相匹配。[69]但希望犹存：相当多的昆虫、螃蟹和鱼类明显受到冷白光与紫外线的影响，因此有时候可以将灯光调整为暖白光，以为补救措施。

基于多年以来采集的数据，艾森拜斯在文章中利用图表证明了：水银灯照明吸引的昆虫数量为钠蒸汽高压灯的两倍有余。[70]然而，重要的是研发具有特定光谱的灯具。对于需要保护的昆虫，有必要专门了解它们对何种光谱敏感，以及适合何种光照度。

缩短夜间照明时间是一种保护大自然的方案。如果某个社区考虑必须为停车场的道路设置照明，可以于夜里 10 点之后将照明全部关闭，或缩减至能指引方向即可。

对于大多数人而言，夜间到处飞舞的昆虫使人不胜其烦。为什么夜里室外灯光的杀虫效应还会让我们感到困扰？这种效应不是会使我们的露台、花园或草坪“更加干净”，从而让我们在户外更加惬意吗？表面的回答是肯定的。但是，户外灯光作为“吸尘器”也在破坏生命的生存环境。说到这里，我们就触到了问题的核心。

数量众多的夜间昆虫不仅是夜间捕猎者（主要是蝙蝠）的食物，同时也是花粉的传播者。在许多对此不甚了解的人看来，植物授粉这种行为发生在白天，而且是通过阳光下翩翩起舞的蜜蜂与蝴蝶。很少有人知道：传播花粉这种“生态服务”大部分发生在夜里，而且是由夜间昆虫完成，而我们人类正多多少少不自觉地考虑大规模消灭这些昆虫。

艾森拜斯提醒我们注意，蝴蝶群落包括大约 75% 的夜蛾。他还说，“我们很大程度上没有注意到这些夜间昆虫，它们做了大量传播花粉的工作，从而从根本上参与了生态维护，使其保持多样性”。[71]

波嘉德写道，全世界有大约 15 万种至 25 万种夜间昆虫，它们为全球 80% 的生物传播花粉。[72] 这确实是一个了不起的集体成就，由无数昆虫完全在黑暗中完成。

人类一再地接受惨痛的教训：干预处于平衡状态的大自然，会遭到报复。从中长期来看，人为介入大自然也会带来经济上的损失，因为这种介入不仅影响自然与私人花园中的动植物多样性，也影响农业与商业用途的园艺。如果花粉不被传播，就不会有果实。就此而言，作为花粉传播者的夜蛾意义重大，因为蜜蜂深受蜂螨之害，许多地方都看不到蜜蜂的踪迹了。

《明镜周刊》于2016年6月发表了一篇行文数页的文章，也对“花粉传播者的死亡”进行了警示。文章说明，导致这一现象的原因包括农作物含有的毒素、致命的瘟疫（针对蜜蜂），当然还包括生存空间被人为缩小。在最后一个原因中，也包含了人工照明带来的问题。2016年2月，IPBES（Intergovernmental Science-Policy Platform on Biodiversity and Ecosystem Services，生物多样性和生态系统服务政府间科学政策平台）就世界的生物多样性发表了第一个鉴定报告。报告认为：“在全世界种植的重要经济作物中，超过3/4的作物至少部分依赖昆虫或小型脊椎动物来传播花粉。IPBES的研究者认为，它们每年的贡献相当于5770亿美元。”[73]

正如此前所阐明的那样，灯光对昆虫的吸引效应在食物生态学方面具有重大意义。夜间昆虫是无数其他动物的食物来源，如果它们因灯光效应而死亡，其他动物也就无所立足。波嘉德断言，如此，生态系统中的“蛋白质”就会消失。这意味着“食物链中所有高级生物的能量来源”都将消失。[74]

◎ 徒劳的信号

夜间的人工照明不仅会使昆虫迷失方向，诱使其进入陷阱，还会对其产生其他作用。一些昆虫有特殊的发光器官，能发出微弱的光芒。它们发出或闪烁或持久的光，以此向异性昆虫发出信号。我在这里！浪漫的萤火虫已为人类熟知，它们发出的光信号在黑暗中最远可传至45米。

就生活在我们所处纬度的萤火虫而言，雌性不具有飞行的能力，它们在地面向飞舞在空中的雄性萤火虫发出光信号。如果周围被人工照明点亮，该信号的传递距离就会缩短，雄性只有在很近的地方才能接收到——也可能接收不到。一旦信号传递受阻，萤火虫就找不到配偶，无法繁衍生命。

生态失衡：水生生物群落

光污染同样会使水生生物群落失去平衡。湖畔、流动水域的岸边及桥梁越来越多地采取了人工照明。调查表明：这样的照明方式会对水中生物产生影响。

灯光会吸引许多鱼类，人们利用这一点来捕鱼。小鱼相对而言畏光。白天，小鱼会隐藏于深水区。夜色降临之后，它们才会游至食物丰富的水流上层进食。如果生存空间于夜间被照亮，它们就容易成为天敌的猎物。

鱼类的产卵洄游也会受到灯光的影响。例如鲑鱼，它们会在夜里逆流而上。如果一道桥梁被灯光照亮，就会成为洄游鱼类的障碍，如鲑鱼、鳟鱼和鳗鱼的洄游习性都会受到干扰。

莱布尼茨学会的研究小组发文称，“在许多湖区，光照强度是影响鱼类每天的垂直或水平迁移的一个重要因素”[75]。夜间，水蚤会游到水面食用藻类植物。如果对溪流、河流或水岸进行人工照明，就会给水蚤以白天的感觉。水蚤会因此改变自己的习性，减少进食，从而减少繁殖的数量。这就导致水域中的藻类数量有所增加，从而影响到水质，鱼类的食物也会相应变少。特别值得一提的是，鱼类在夜晚也会为了休息而分泌褪黑激素。如果鱼类的生存空间不再黑暗，就会影响到它们的激素水平。

如果要讨论人工照明对水生生物群落的影响，就又要提到昆虫。贝亚特·耶塞尔（Beate Jessel）教授是德国联邦环保局局长，她在《勒恩暗夜保护区》一书的序言中提到一个极端事例：溪流附近的一盏路灯一夜之间吸引的毛翅目昆虫的数量，相当于同时段内在 200 米的溪畔飞过的昆虫数量。[76]

“失去的夜晚”研究小组也同样指出：对于许多在幼虫阶段的光敏昆虫而言，水域是一个特殊的生存空间。在温暖的夏夜，人工照明会吸引许多刚刚孵化出来的昆虫——结果就如此前所描述的那样。因此，它们不能再作为鱼类和鸟类的食物来源。动物学家艾森拜斯描绘了一个典型场景：

> 水岸附近及桥上的人工照明使得蜉蝣属和埃蜉属昆虫陷入极大混乱。它们在灯的光影内密集成群，特别喜欢聚集在靠近水岸的街灯下。它们已经在水面上完成了交配，所以主要是雌性昆虫聚集在灯光下。它们生产的卵包内含有数千个卵，就散乱地分布在地面上。如果不是被灯光吸引，雌性昆虫原本会在水面上产卵。现在，它们数分钟内就会死亡，而卵包则会干枯，不再有繁殖的可能性。[77]

灯光的吸引效应也会导致昆虫种群发生变异。研究者们曾感叹道：

> 食物链因光污染而被破坏，生态系统可能会由此失衡。没有了昆虫的大自然，不仅不利于其他种群的生存，还更容易遭受生态破坏，例如有些种群会因此而大规模繁殖。[78]

◎ 植物也在灯光中迷失

灯光的这种效应也适用于在早晚晨昏时段活跃的植物，例如菩提树、黑接骨木、茄属植物及许多见于花园的草类。这些植物会在黑暗中发出香气，以吸引花粉传播者。长时间闪亮的灯光会欺骗这些植物，给它们白天般的感觉——其结果应当由生物学家进行更准确的调查研究。

至于树木，人们还观察到它们对错误灯光做出的其他反应。例如富尔达市巴洛克住宅区的栗子树，它们被打上了漂亮的灯光。在被灯光照射的一面，深秋里还保留着树叶。很明显，夜晚的灯光给树木传递了信息，告诉它们现在仍然是枝繁叶茂的季节。灯光会促使树木分泌叶绿素。“永恒的春天”误导着树木，它们甚至在寒冷的季节还发芽吐叶。一旦寒霜袭来，嫩绿的叶子就成为严寒的牺牲品，树木也会失去枝干。如果留心观察，就会在自己身边发现许多这样的例子。

◎ 忽视会付出代价

面对铺天盖地的灯光，没有生物有时间从进化的意义上进行适应。

保罗·波嘉德[79]

在灯光给生物带来何种危害的研究和评估方面，研究者们只是刚刚起步。可是，现存案例已表明，夜晚的人工照明极大影响了夜间动物，植物也会对人工照明做出反应。此外，我们不能忘记的是，除了人工照明，还有许多其他干扰因素增加了动植物生存的难度，例如噪音、气候变化与使用化学物质带来的伤害。对于许多种群而言，这是一种持续的射杀。

在我们生活的时代，种群保护已经成为一个政治目标。让我们想想《联合国生物多样性公约 2011—2020》（UN-Dekade Biologische Vielfalt 2011–2020）[80]，这是一场范围广泛的战役，人类显得雄心勃勃。文中的例子表明，如果想有效保护种群，需要保护大自然的夜间生态。如果我们继续忽视夜晚，白天所取得的成果就会部分地付之东流。

“某些情况下，会有致命的后果”

——与生物学家弗朗茨·霍尔克博士的对话

弗朗茨·霍尔克（Franz Hölker）博士是生物学家，在莱布尼茨淡水生态与内陆渔业研究所工作，同时也是柏林自由大学的外聘讲师。他曾前往意大利的欧盟委员会联合研究中心，在那里从事了为期两年的科学研究。2009年以来，他担任“失去的夜晚”研究小组的负责人。2012年以来，他负责全球性的“失去的夜晚”政府间行动。在这些世界独一无二的跨学科项目中，社会学家、自然科学家、天文学家、光工程技术员首度合作，共同研究夜间人工照明给生态、健康、文化及社会经济带来的影响。[81]

施密特：从生物学的角度来看，您和同事们何时开始认识到“失去的夜晚”也有生态意义？

霍尔克：根据天文学家的说法，是昆虫研究者在对此长期观察。原因在于，昆虫学家几十年来都在使用灯光陷阱，利用夜间灯光（特别是短波灯光）的高度聚虫效应来捕捉夜间飞行的昆虫。慢慢他们就想到，城市灯光想必同样对生物种群和食物链有巨大的影响。无论如何，昆虫是许多天敌——无论水下还是地面——的首选猎物，具有重要的生态作用。

就我个人而言，认识生物多样性如何对最基本的生物节律之一——大自然的昼夜更替节律——受到破坏做出反应，是一个持续的过程。

施密特：有一种说法经常被人引用，就是说一盏路灯平均每个晚上会杀死 150 只昆虫。确实是这样吗？

霍尔克：这个数字来自于格哈德·艾森拜斯（美因茨大学）公开发表的内容，是指在一个典型的温暖夏夜。我们自己研究出来的数字与此类似。因此，德国有大约 800 万盏路灯，每个夏夜杀死的昆虫估计以十亿计，这些昆虫动辄便失去了原本属于自己的家园。

到底有多少昆虫因灯光而死亡，很难给出确切的数字。此外，大部分迷失了方向的昆虫或者力竭而死，或者轻易成为其他生物的口中食。在这里，灯光的光谱起着重要作用。如果灯光含有较高紫外线或蓝光，即短波灯光，大多数昆虫种类更容易受到干扰。但是对于昆虫而言，没有完全无害的灯光。

施密特：没有人会将昆虫的死亡看作一种损失。但是，生物再渺小，也有它们的生态作用。什么地方的夜晚没有成为灯光牺牲品的昆虫呢？

霍尔克：没有昆虫是不可以的。大多数人不会真的怀念诸如蚊子之类的昆虫。可是，人们必须认识到一点：昆虫几乎存在于地球的各个角落，例如草地、花园、树林及水域，并在这些地方起着重要的作用。

首先，许多生物，例如鸟类、青蛙、壁虎与鱼类主要以昆虫或昆虫的卵为食。其次，大多数树木与灌木丛都通过昆虫来传播花粉。最后，昆虫在食物链与能量链中属于重要的调节者，例如它们会加快有机体（植物、动物，也包括排泄物）的分解过程。

初期研究已经表明，半数种类的昆虫于夜间活动，对夜晚的人工照明特别敏感，其严重的影响是可以预料到的。

施密特：越来越亮的夜晚以及独立的强光建筑对候鸟的影响尤其大。单单在欧洲，每年就有数以百万的鸟在迁徙。

霍尔克：许多候鸟在夜晚迁徙。在迁徙的过程中，它们依靠自然光源（星辰、月亮），或在某种程度上利用自身的罗盘来定位。它们依靠太阳的东升西落来校准罗盘，而罗盘与它们眼中的光感细胞密切相关。在这个过程中，人工照明会起到干扰作用。迷惑候鸟的包括灯火通明的高楼大厦、灯塔及灯光闪烁的海上钻井平台，它们会吸引候鸟，使它们迷失方向，特别是在恶劣的天气条件下。在某些情况下，这会导致致命的后果。

施密特：光污染对候鸟的影响是一个特别明显而且容易理解的例子。其他鸟类也会因为黑夜被照亮而受到影响吗？

霍尔克：此前有多项调查表明，鸟类不只在迁徙过程中受到灯光的影响。一些城市中的鸟类，例如雄性乌鸫或雄性山雀，会在人工照明的条件下提前鸣叫。通常，早早活跃的鸟类会在求偶方面占有优势，因为它们作为伴侣会保证生育质量。可是，如果因被灯光误导而早起的鸟被其他鸟认为是值得托付的伴侣，大自然的选择机制就会陷入错乱。

施密特：通过观察，每个人都能看到人工照明的吸引效应对昆虫的严重后果。候鸟因为强光源而迷失方向，也很容易理解。可是，许多人并不十分清楚，如果水岸或河上的桥梁加以人工照明，水生生物——例如鱼类——也会明显受到影响。这是一个普遍的问题，还是仅仅影响到个别物种？

霍尔克：现在我们知道，水域特别受夜间照明的影响。居民区经常围绕河流而建，并因此使河流在晚间被人工照明装置点亮。另一方面，水域的生态系统对灯光特别敏感。例如，直射的灯光会成为夜间鱼类洄游及繁殖的障碍；昆虫再也无法直接回到自己的水域；洄游的鱼类——例如鲑鱼或鳗鱼——时而会在被灯光照亮的桥梁前停留，要么是因为它们试图避开灯光，要么是因为它们被灯光吸引。

极低的光照度（1 勒克斯）就能够妨碍鲈鱼与斜齿鳊分泌褪黑激素——所谓的夜间激素，甚至微生物也会在夜间对人工照明产生反应。

施密特：我们人类为什么要关心一条鱼在洄游或觅食的过程中是否受到干扰？

霍尔克：各种例子表明，光污染会严重威胁水域生态系统。在这个生态系统内，几乎所有方面在夜间都会受到人工照明的影响，其敏感的生态平衡也因此会持续受到严重影响。在错误的时间进行照明、光照强度过高或光谱不合自然频率，都可能使生物与自然节律脱节。一个流域内复杂的相互作用过程不再彼此协调，就会脱离自然规律。食物链会被打破，生态系统会失去平衡。我们人类其实很依赖一片水域的诸多“生态功能”（饮水、发展渔业、娱乐疗养等等），而它们都会受到人工照明的影响。

施密特：我们从许多其他例子中知道，在人类介入自然的过程中，生物圈中不仅会有牺牲品，也经常会有受益者。哪些物种是光污染的赢家呢？

霍尔克：是的，确实有赢家。许多猎食者适应了光照情况后，像享用自助餐一样享用受到灯光吸引后迷失方向、成群飞舞的昆虫。例如，除了夜间活跃的十字蜘蛛，一些种类的蝙蝠也受益于街灯，它们的“食物”会聚集在街灯周围。可是，它们也抢夺了其他畏光的蜘蛛和蝙蝠的食物。此外，昆虫也因此不能成为其他动物的食物来源，这就导致了食物链的断裂。

施密特：植物群落的生长自古以来也与昼夜更替的节奏一致。人工照明对植物的影响有限吗？只作用于直接受到光照的植物吗？

霍尔克：一方面，植物会受到直接影响。某些种类的树会在夜间照明的条件下推迟落叶、推迟为过冬做准备，从而受到霜降的伤害。此外，不久前一个持续数月的研究表明，偏黄的灯光不仅会降低葫芦巴叶片的密度，也会减少蚜虫的数量，这又会给食物链带来深远影响，因为蚜虫是瓢虫的一个重要食物来源。我们也要考虑到夜间照明对植物的间接影响——夜间照明会导致对光敏感的夜间花粉传播者的减少。

施密特：人类文明在扩张，大自然逐步被侵蚀，这并非新现象。许多种类的生物已经了解了自然条件的恶化，并部分甚至完全适应了新的环境。在光污染方面，也会有这种可能性吗？昆虫能通过绕开光源而避开灯光带来的伤害吗？

霍尔克：某些类型的昆虫能够成功地适应正在变化的环

境。我们可以假设，生物群落的基因组合会根据光照条件进化，对光不敏感的基因类型会占优势，对光敏感的基因类型会逐步消失，特别是在城区。例如，一个最新研究表明，畏光的夜蛾在城区的死亡率较低，畏光进而成为一种优势。在连续几代受到强烈光照之后，城市中的夜蛾趋近光源的趋势已减弱。一些物种可能能进化到适应新的光照条件，一些物种可能无法进化，一些已经进化成功。

施密特：生物学家们做了思考，并提出了警告，但是在负责灯光照明的人员那里得到了正面回应吗？

霍尔克：迄今为止，与噪音、空气质量与气候变暖相比，“光污染”在环保政策与自然保护方面没有引发同等的问题意识。只有“光污染”得到公众的全面关注，才能做到可持续地使用照明。除了决策层的政策，我们还需要采取措施，以使整个社会对这个主题保持敏感，并准备做出改变。

因此，在合理使用人工照明、理解人工照明的效应链与探究保护夜色的可能性方面，我们仅仅迈开了第一步。可是，关于保护夜色的各种层面与行动的可能性，已经有了一些实际的例子，涉及照明技术解决方案和规划、地方照明方案及法律规定。

例如，德国的个别城市——例如奥格斯堡与柏林——设计了新的照明方案。欧洲其他一些地方新出台了控制光污染的法律。法国在全国范围内大幅减少商用照明时间。2007年，世界上首部针对光污染的法规在斯洛文尼亚生效。

施密特：从专业角度来看，您有针对实际解决方案的具体建议吗？我们可以或应该做些什么？

霍尔克：如果希望未来的灯光照明做到智能、高效，人们需要革新照明方案，从而将灯光在正确的时间用到正确的地方。研究范围还应包括现代照明工具、有计划的照明、建立于科学基础之上的指导方针、特定的光谱与照明度的阈值，目的是使人类社会能够负责任地、可持续地使用灯光照明。

施密特：霍尔克博士，感谢您接受本次访谈。

II. 黑夜的魔力：

黑暗是灵感的源泉

神话中的光明与黑暗

> 夜晚掩护着正在发酵的力量，也容纳了各种势力的争斗，包含着所有可能。夜晚是万物之母，为万物提供养料，而光照则是一种纯粹的形式，可以与黑夜并存。
>
> 格奥尔格·威廉·弗里德里希·黑格尔[82]

人类如何看待黑夜？认为黑夜令人不安、鼓舞人心、令人恐惧，还是充满了神秘感？无论如何，白昼带着所有的喧闹退居幕后以后，黑夜就成为一段令人心生恐惧又充满希望的时间。不足为奇的是，黑夜在古代成为信仰与迷信的温床，在不同地方的大型神话与造物传说中发挥着重要作用——黑夜被从不同角度解读，它或者狂野而充满罪恶，或者给人祝福并带来吉祥。

混沌时代：古代神话中的黑夜

天地诞生之初，一片混沌——古希腊人对此深信不疑。根据赫西俄德（Hesiod）的《神谱》——希腊神话最古老的源头之一——世界诞生之前是一片黑暗：没有任何有形物体，唯有一片无边无际。从一片虚无中诞生了盖亚（Gaia）——地母——同时产生了地狱，即黑暗的地下世界。我们的世界拥有今天的形状之前，夜女神尼克斯（Nyx）从混沌中脱离出来。根据《神谱》记载，尼克斯生了一个女儿：赫墨拉（Hemera），即白昼女神。也就是说，在古代，光明来自于黑暗的夜色。

充满神秘感的《神谱》至晚创作于公元前500年，还有可能更早。《神谱》主要研究整个宇宙的诞生，包括神与人的世界。不止如此，它还将黑夜奉为原始准则，其捍卫者们认为，夜女神本身是一只黑色的鸟，她产了一只蛋，蛋内是整个世界：

夜晚啊，我的歌为你而唱，

众神和凡人因你而生，

你是世间万物的源头……

你听啊，降福的神灵，

夜间闪着蓝光，星星眨着眼睛，

天地一片安静，孤寂使人入睡，

你因而无限欣喜；

你使人解忧，你使人精神焕发。

你使人清醒，你甘心乐此不疲，

你播撒睡眠的种子，和所有人结了友谊……

本属于尘世，却有上天的影子……

你使光照入黑暗

又亲身飞入冥界……

神圣而祈福的夜啊，来吧，

你那么仁慈，你是众生的希望。

你听听他们祈求的话语吧。

来吧，驱逐令人恐惧的画面，

它们在黑暗中若隐若现。[83]

这些诗行来自《神谱》的第三章，这篇神秘的颂歌将夜晚拟人化了。第三章的影响不容低估，千百年后仍旧影响着诺瓦利斯、海涅、赫尔德等浪漫派诗人。人们可以听一听亚里士多德的意见，他认为《神谱》中的神秘诗作其实来自毕达哥拉斯学派的色科普（Kekops），因为俄耳甫斯（Orpheus）从未存在过。[84]

世界之起源，艺术之发端，皆在混沌与黑暗中，在无以名状而神秘莫测的原始大地上，在有着女性象征的洞穴或温暖的子宫中：这是一种普遍的观点，并非西方文化所独有。[85]

◎ 与狼共奔的女人与蒙昧时代的母性：夜晚——女性的信条？

有趣的是，神话中的女性形象神秘、强悍、野蛮而充满智慧，她们通常与夜晚有关。克拉丽萨·品卡罗·埃斯蒂斯（Clarissa Pinkola Estés）著有经典作品《与狼共奔的女人》，其中就指出"野性女人"有时等同于"夜女神尼克斯"。[86]"野性女人"生活于过渡地带，处于各个时空的交界处，狼的灵魂与女人的灵魂在那里神秘地合而为一。这位古老的先知神秘、令人生畏，但是也给人以庇护与安慰，同时又好似扮演着顾问与慰藉者的角色，可信赖地传播着来自直觉的古老经验。她将原始神话知识与直接的理性体验结合起来。

克拉丽萨·品卡罗·埃斯蒂斯认为，无论是被称为"尼克斯""野性女人""白色的巫婆"，还是"内心的治疗师"，这位蒙昧时代的母亲经常藏匿于人类内心的最深处，应该重新被重视起来。至于这位母亲对于实际自然经验与神秘的神话形象是否具有更多意义，不是一个紧迫的问题。考察母权制形式与特征的历史证据，也并非本著作要务。

“伟大的母亲”给人以安慰与灵感，无论男女，都可以获得由其提供的经验与认知。这在夜间的寂静与黑暗中，尤为显著。

生命“由天而降”

早期的神灵是大自然的拟人化——诸如白昼、黑夜、大地、空气与雷电——它们并非与后期的奥林匹斯诸神一一对应，并且很可能是原始自然宗教的断简残篇。赫西俄德认为：尼克斯定期以其黑色的翼翅笼罩天空，夜色便随之降临世间。之后，尼克斯便返回位于地下世界边缘的洞穴，其与女儿——白昼——轮流居住在那里。母女二人每天轮流往返于洞穴，从而带来昼夜更替。在希腊神话中，神、提坦与人类之间的狂野争斗就发生在昼夜更替之时。

尼克斯的第二个孩子——乌拉诺斯（Uranos），即天神——与地母盖亚是诸神之中最早的一对伴侣，甚至早于原始传说中的人类。乌拉诺斯与盖亚生了 12 个提坦神。可是，乌拉诺斯嫉妒自己的孩子，担心自己王位不保，想杀掉自己的孩子。于是，盖亚就将孩子们藏匿于大地的幽暗之处。

克罗诺斯（Kronos）——提坦神中的最长者——藏匿于黑暗之中，直至他看到了自己的机会。克罗诺斯破土而出，阉割并杀死了自己的父亲。父亲乌拉诺斯的鲜血和精液滴落下来，滋养了大地，孕育了后来的奥林匹斯诸神。也就是说，古典时期的诸神与人类都来自天空的最暗处。

可是，垂死的乌拉诺斯向他的儿子克罗诺斯预言，后者将遭受同样的命运。之后，克罗诺斯便吞噬自己的孩子，只有最小的儿子宙斯（Zeus）幸免于难。根据传说，宙斯杀死或流放了克罗诺斯，占据了奥林匹斯山，成为第三代诸神的父亲。宙斯重新划分了世界并将其分给自己的拥护者，由波塞冬（Poseidon）掌管海洋，德墨忒尔（Demeter）掌管大地。旧秩序下的提坦神被剥夺了权力，与新时期的诸神产生了矛盾，争斗与权力角逐接踵而至。

无论是众神重新划分势力范围，还是随之展开争斗，尼克斯——夜女神——都丝毫没有受到波及。她也进入奥林匹斯众神的世界，只是不再举足轻重，毕竟她的势力范围在天空。对于尼克斯位于地下世界边缘的洞穴，即使是众神之父宙斯也感到忌惮。因此，夜晚是令人心生恐惧又避之不及的最早的自然形态，让人想起远在过去的野蛮祭礼与被驱逐的早期诸神，也让人想起自然形态被拟人化的蛮荒时期，那时甚至连宙斯这样的统治者都无法触碰黑夜。

众神之父宙斯划分并掌管了世界，他将统治权分给自己的兄弟、姐妹与孩子们，还委托厄庇墨透斯（Epimetheus）与普罗米修斯（Prometheus）负责生命的繁衍：上一代神灵的精液还藏于大地，厄庇墨透斯与普罗米修斯应该使大地产生鸟类、鱼类与哺乳动物。柏拉图认为，每种新生命都被赠送了一样礼物，从皮毛到翅膀。可是，当两位提坦神塑造最后一种生命的时候，礼物已分送完毕。眼前弱小而赤裸的生物让他们倍感羞耻——第一个人赤裸裸地置身于夜晚的寒冷之中。这样的人类无法生存，普罗米修斯感到愧疚。

可是，天庭虽有熊熊燃烧的火焰，那只是为了包括宙斯在内的诸神而燃烧：燃烧的火产生了光和热，保护他们免受黑暗中的卡俄斯（Chaos）的伤害，同时它也是神灵独掌大权的象征。黑暗中的光明具有最高的价值，神灵却对人类秘而不宣。而普罗米修斯欺骗了宙斯，盗取了天火，因为只有在天火的佑护下，人类才能生存，才可以摆脱无助的生灵身份，一跃成为自然的统治者。千百年后，歌德将普罗米修斯称为伟大的反抗者，他使人类成为独立而强大的生物。

宙斯则发雷霆之怒，判普罗米修斯终身受苦。普罗米修斯被捆绑起来，一只鹰每天啄食他的肝脏。对于这位仁慈的馈赠者而言，这是一个残忍的惩罚。但古希腊人很快就宣告普罗米修斯的痛苦已经结束。最终，普罗米修斯被富有同情心的赫拉克勒斯（Herakles）解救出来，后者是一个半人半神的形象。得到天火之后，人类地位上升，干涉了诸神的世界。诸神与人类游戏，也对人类产生渴望、爱恨，把他们也当作自己世界的一个基本组成部分。

◎ 在世界范围内

关于划破天空的夜女神的古老传说，也可以在埃及、中国与波斯的神话中找到踪迹。这是一个在世界范围内广为传播的传统，在不同文化中彼此独立发展。对北欧早期青铜器时代（公元前1800年—公元前1100年）的考古发现，例如在丹麦特伦霍尔姆地区（Trundholm）发现的太阳战车——一尊想必铸造于公元前1400年的雕塑，北欧神话也信仰天空中有神灵存在。

日耳曼人的夜女神

在日耳曼神话中，与此前提到的尼克斯对应的是诺特（Nott）：一位黑色女巨人，她骑着赫利姆法克西（Hrimfaxi）

这匹马驰骋于天空，身边有一位美少年——月亮——陪伴。诺特是达古（Dagr）——白昼——的母亲。如果母亲休息，达古就骑着马驰骋于天空。这里的描述与希腊神话别无二致，夜晚诞生了白昼，并且是大地与丰收女神娇德（Jörd）的母亲，娇德负责农业，与奥丁（Odin）结为夫妻。

在希腊人与日耳曼人之间，存在另一个引人注意的相似之处：二者都将世界的起源建立于弑父的基础之上。在日耳曼神话中，巨人尤弥尔（Ymir）是第一个生命，诞生于一个裂谷，后被奥丁——自己的亲生孩子——杀害。奥丁和他的兄弟们用尤弥尔的头颅塑造了天空，使天空以穹顶的样子笼罩着大地。尤弥尔的大脑则被塑造为云彩。因此，如果谁仰望天空，在美丽少女太阳和英俊少年月亮的光照下，谁就会领略到第一个生命的思想。

驰骋于天空的夜女神，其统治力在凯尔特人与日耳曼人那里受到了限制。神灵与人类的灭亡——世界末日——已经得到了预言。斯库尔（Skalli）和哈提（Hati）这两头狼追逐着太阳和月亮，想要吞噬它们。根据一个古老的预言，斯库尔和哈提终有一天会成功。根据《埃达》[1] 的记载，如

---

[1] 编注：《埃达》，古代冰岛神话诗集的总称，由中世纪冰岛学者记录，分为《老埃达》《小埃达》两部，或称《旧埃达》《新埃达》。

果太阳与月亮消失不见，即为世界末日。很容易想象，古日耳曼人在月食期间恐惧地仰望着夜空。一旦夜女神与月亮重新现身，他们又如释重负。

关于黑夜的诗歌

感染我们的一切，不都带有黑夜的色彩吗？

诺瓦利斯[87]

一场深入的谈话、一次恋情、一个生命的诞生、一次自然事件、一个令人神清气爽或意乱神迷的梦境——所有这一切都发生于夜晚特殊的氛围中，会为你打上一个独特的烙印，使你永不忘怀。

诗人与思想家正是在“夜晚”主题上大放异彩。在这方面，我们拥有数量众多的文字资料——从远古时期的神谱，横跨中世纪与古典时期，直到我们所处的时代。这些文字资料让我们了解了各个时期的主流思想与创作者的个人状况：诗歌在今天还能打动我们，使我们陷入沉思，产生新的认识。在理想的条件下，诗歌会使人产生代入感，让内心充满宁静与归属感，让人感觉自己具有某些能力，或拥有了某些美德，而这些正是我们紧张并受各种事物影响的日常生活所欠缺的，因此诗歌具有重要意义。

就诗歌而言，18 世纪与 19 世纪的浪漫主义文学时期具有特殊意义，这一时期的诗人和作家特别沉醉于描写人类的感觉与神秘而永恒的自然体验，这通常与跟夜晚的各种活动和现象有关的经历相呼应。欣赏各个时期的诗作，应该注意各个时期的时间分界，因为它们各自的节点相互交错，彼此重叠。对于浪漫主义而言，前与古典主义，后与毕得迈耶时期（Biedermeier）与三月革命前（Vormärz）的文学均有重合。可对于灵魂与精神而言，夜色拥有治愈力并给人灵感，我们要尽力推开时间的窗扇，尽力看到更多的夜色。

鉴于有“夜色”意象的文学作品浩如烟海，有必要进行筛选。其中，诗歌作为一种基本的文学体裁，被我们视为核心。诗歌中，情绪、个人感觉与世界观——无论诗歌为押韵、无韵还是有着特殊韵律——可以被提炼为最本质的东西。

无论诗歌的主题为自然、爱情、情绪还是个人经历——其中“夜色”这一意象都既有神秘而动情的美，又充满虚幻与矛盾，既有被月亮照耀的“光明”的一面，也有极其黑暗的一面。下面让我们一睹诗人们复杂的、多角度的诗歌吧，他们的作品使我们得以深入地了解夜晚的永恒魅力。

爱情与圆月——从中世纪至古典主义时期

游吟诗人的歌曲属于中世纪。很有可能，歌唱者在表现爱慕之情的悠扬歌声中也歌唱了夜晚。尽管如此，用中古高地德语写就的书面作品很少直接写到“夜晚”。更为多见的是间接指向夜色的词汇与概念，例如下文摘录的《布兰诗歌》（又称《博伊伦之歌》），是19世纪于贝内迪克特博伊伦（Benediktbeuren）修道院发现的诗集，内有许多11—13世纪的中古高地德语诗作，也有用古代法语写就的歌曲及其他作品。（该诗集为中世纪时期流浪者之歌、世俗拉丁抒情诗与格言诗的重要证据。）下文摘选的诗行中，一种温柔的不凡之鸟——黑夜中鸣叫的夜莺——因其美丽、婉转、梦幻的声音，恰到好处地扮演了传声达意的角色：

夜莺啊，唱一支有意义的歌吧

致我尊贵的女王！

告诉她吧，我所有的思想

我的心都在为她而燃烧

都渴望她身体的芳香和她的爱情。[88]

中世纪德国最重要的抒情诗人瓦尔特·冯·德尔·福格尔魏德（Walther von der Vogelweide），有一首诗名为《菩提树下》。在该诗的第一节和最后一节，诗人赋予夜莺以秘密的夜间恋情知情人的身份，夜莺用婉转动听的啼鸣来求偶，是鸟类中的歌唱家。《菩提树下》被收入福格尔魏德的诗集《心爱的女孩》中。在这部诗集中，诗人告别了传统意义上以高高在上的宫廷贵妇为对象的单恋式的“高级爱情”，转向书写“低级爱情”，更合适的说法为“平等的爱情”。《菩提树下》一诗表现了一位少女在夜色中约会的场景，少女普普通通，并非来自上流社会，却得到追求者如“贵妇”般的对待。象征夜晚的夜莺则被少女视为自己与追求者的亲密盟友：

在郊野里的
菩提树下，
那有我们两人的卧床，
你还可以看到
我们采折了
许多花草铺在那处地方。
在森林边的山谷里，
汤达拉达伊！
夜莺的歌声多么甜蜜……[89]

安德烈亚斯·格吕菲乌斯（Andreas Gryphius）对于“夜色”主题则采用了完全不同的处理方式。格吕菲乌斯被视为最受欢迎的巴洛克诗人之一，他创作了十四行诗《夜晚》，通过昼夜更替突出了生命的不可逆转。

三十年战争、暴力、困苦、饥荒与瘟疫：巴洛克时期伴随着一系列人间磨难，使得人们只能将希望寄托于一个更好的来世。尽管遭受各种磨难，或者也许正因如此，当时人们踟蹰于两个极端，或者 *Carpe diem*（“活在当下”），或者接受警示——*Memento mori*（“记住你终有一死”），但同时将希望寄托于死后升入天堂。对安德烈亚斯·格吕菲乌斯而言，充满各种犯罪、蹉跎行为与痛苦的白昼是“黑暗之谷”，而迫近的夜晚则是使人升入天国、得到解脱的使者。

夜晚

白昼即将逝去，夜晚将至，

天空中铺满了繁星。

疲惫的人群离开田野，

飞鸟走兽凸显着寂静，

时光一去不返。

……

如果身体需要安睡，

就让灵魂保持清醒。

如果这是最后一个夜晚，

带我离开这黑暗之谷，

我要去往你处。[90]

在基督教的唱诗集中，许多歌曲如今仍然在传唱，用以祈求从通常被称为“尘世”的“黑暗之谷”解脱……

巴洛克的时代随风而去，取而代之的是启蒙主义。启蒙主义用理性主义及经验主义对抗巴洛克风格，理性主义强调理智，而经验主义强调实际经验。法国哲学家勒内·笛卡尔已为此夯实了理论基础，他认为人们可以怀疑一切，唯独不能怀疑自己的怀疑。戈特弗里德·威廉·莱布尼茨是一位知识广博的学者，他不仅信仰造物主，还清醒地认识到，宇宙与人类、造物主与造物之间并非对立的关系，而是和谐共存的关系。带着这种认识，莱布尼茨早就摒弃了巴洛克的自我陶醉。此外，他认为语言反映了人的意识，这一点在整个 18 世纪产生了不可低估的影响。

古典主义时期则主要涉及理智与情感的平衡。当时人们追求的既非启蒙运动全力颂扬的人类理性，也非狂飙突进时期推崇的内在自然情绪与情感的释放，而是心智与感情的完美统一，目的是在古典教育目标的基础上将人类社会持续向前推进。古典主义时期推崇的伦理—人文价值，例如宽容、奉献与行动力，能使人培养出“高贵的气质”与伟大人格。无论如何，这些不可以被遗忘。

哲学家伊曼努尔·康德的著作《纯粹理性批判》与《实践理性批判》为此提供了哲学基础，二者都揭示了人类思维与人类感情的界限。“绝对命令”是人文主义精神的核心要素，它植根于每个普通人的心中。艺术家的任务则是在作品中使理性与情感完美结合。

大自然有显性的一面，也有神秘的一面，会发生诸多现象，也具有各种节律，反映了世间万物纵横交错的关系，因此在古典主义时期的艺术作品中具有极其重要的地位。这其中就包括光明与黑暗、昼与夜的更替。

伟大的约翰·沃尔夫冈·冯·歌德为古典主义带来了深远的影响，他在自己的作品中经常以夜色作为主题。他的作品内容很广泛，从描写奇幻可怖之夜的古怪幽灵的叙事诗，到人们一再涉及的男女主题。一方面，夜晚被圆月、星光和幸福感照亮；另一方面，夜晚会缓解人们内心的忧郁和伤痛，并降低人们内心的欲望，使人转入平静及“温馨的平和状态”，从而给人以安神、疗愈的慰藉：

繁星点亮夜晚，好似传来温柔歌声，

月色袭人，胜于北方的日光。

给我这凡人神圣的感觉啊！我是在梦中吗？[91]

夜晚，月亮和星星会爬上天空，若在无云夜空，它们将更加清晰可见。与白昼不同，夜晚拥有完全属于自己的法则：在“友善的精灵”的簇拥下，永恒的黑暗使人产生某种预感，提示人类找到最终的归宿：

夜晚

夜晚，友善的精灵在游荡，

你在梦中，划过额头的，

是月光与星光。

它们永恒地闪耀，

你似乎脱离了自己，

敢于登上王位。

可是，一旦白昼

再次笼罩整个世界，

便很难实现。

清晨许下美好意愿

中午时分

晨梦全然改变。[92]

大约 30 岁的时候，歌德在图林根森林的一个小木屋里写下了一首诗。德语学人，有谁没有听说过这首诗呢？

所有的峰顶

沉静

所有的树梢

全不见

一丝儿风影；

林中鸟儿们静默无声。

等着吧，你也快

获得安定。[93]

歌德的《漫游者夜歌》几乎同样著名，我们可以将以上诗句视为它的续篇。在《漫游者夜歌》一诗中，通过描写夜晚鼓舞心灵并使精神与性情平和的特殊作用，清楚地展现了夜晚与永恒的紧密联系。在以下诗行中，前两行就已令人感受到这种联系：

来自天空的你，

平息所有的苦难与伤悲，

苦难如有双重，

便予其双倍慰藉，

啊，我厌倦了奔波！

所有痛苦与欲望有何意义？

甜蜜的和平，来吧，接受我的拥抱。[94]

白昼的经历被视为令人厌倦的“奔波”，或在以下引用的诗歌中被描述为“尘世的喧嚣”，与只有夜色才能唤醒的永恒的“平和感觉”截然对立。驱逐浮光掠影与令人痛楚的印象，将人的内心从桎梏中“解救”出来，这属于夜晚及睡眠的特权：

夜歌

永恒的感情

使我升华，感觉崇高，

离开尘世的喧嚣

睡吧！你还有何企求？[95]

古典主义提倡统一、和谐，主张通过教化使人具有平和的、纯粹的、人文主义的思想。以下这首诗歌，以白昼与黑夜的平衡与统一作为主题，简明而完美地表现了这种和谐。白昼的光芒终归会步入“黄昏”，而夜色终归会布满“苍穹”，二者——无法脱离对方而独立存在的“天上”与“地下”——则终归会达成和谐统一。只有具备了这种认识，才会产生一种“高贵的精神”及“纯粹的意识”：

白昼，天顶与远方
融合于无尽的蔚蓝
夜里，繁星点点
布满了苍穹

绿光浮现，五彩斑斓
一个纯粹的想法愈来愈强烈。
天上与地下并无不同
都让人的思想更加高贵。[96]

在《浮士德 II》中，歌德这样写道：

和风吹拂苍苍原野，
暮色四合异香飘散，

徘徊四顾心生迷茫，
天际暮色缓慢降落。
平安歌谣低吟浅唱，
仿佛孩童进入梦乡；
心生疲倦渐垂眼帘，
白昼之门徐徐关上。

沉沉夜色已然降落，
璀璨星辰交相辉映。
灯火闪闪星罗棋布，
交相呼应不停闪烁。
映在湖面荡起水波，
照在远方点亮晴空。
寂静之中幸福相伴，
月光笼罩整个夜晚。[97]

作为“黑夜时代”的浪漫主义时期

月光照亮神奇的夜晚，
夜晚捕捉了人的感觉，

奇妙的童话世界，

在古老的华丽中显露出来。

路德维希·蒂克（Ludwig Tieck）[98]

以上诗行出自路德维希·蒂克的喜剧《奥克塔维亚努斯皇帝》的序幕，是浪漫主义时期文学的典型程式。诗中，“奇妙的童话世界”根本不意味着人们所热衷的天真的避世之所，而是许多“浪漫主义者”热心捡拾的古老的民间文学，例如童话。浪漫主义与多愁善感或华而不实并无半点关系，关于这一点，有一些偏见一直持续到今日。浪漫主义关注的是将可以被外在体验的客观实际与“只可”意会的神奇永恒的感官感受联系起来。根本而言，就是诗意地反映客观实际。

弗里德里希·施莱格尔与其兄奥古斯都·施莱格尔一道，创立了浪漫主义的纲领性文件《雅典娜神殿》（*Athenaeum*）。弗里德里希·施莱格尔谈到了“渐进式、包罗万象的诗歌”，并从人们对于无穷宇宙的向往中引申出了这一点。[99] 绝非偶然的是，夜晚作为自古神秘的存在为人们提供了创作素材。

如果没有“深爱夜晚的”作家诺瓦利斯，早期浪漫主义是不可想象的。诺瓦利斯本名为乔治·菲利普·弗里德里希·冯·哈登贝格（Georg Philipp Friedrich von Hardenberg），生于1772年，卒于1801年。令人激动、发人深思地描述人的内心世界，从而在读者心中唤起特殊的、疗愈心灵的情绪与认识，并使其开花结果：对于诺瓦利斯而言，这就是浪漫主义诗歌的特权。简短而言就是，使人成为真正的、独立于时空的自我。诺瓦利斯认为，诗人大致就是一位“超验的医生”：“一条神奇的道路通向我们内心。永恒及其所属的世界、过去与未来或存在于我们的内心深处，或无处可寻。”[100]

诺瓦利斯作品的核心内容在于追求人与自然、外在经历与内心感受之间的和谐。如果克服了某种令人感觉痛苦的危机，就有可能实现这种和谐。

诺瓦利斯举世闻名的六首关于夜晚的颂歌，发表于1800年，被视为早期浪漫主义文学作品的高潮。夜晚是“世界女王”，拥有无边无际的空间，而白昼的日光只有表面力量，且光照时间受到限制，二者截然不同。夜晚具有独立于时空的神秘力量，只有它能够从根本上使日常俗务与历历往事显现出“蝇头小事”的本来面目。同样，也只有夜晚能够使人从内心感受到爱（此处，诺瓦利斯采用了“夜晚的太阳”这一令人印象深刻的意象），真正使人产生灵感，并上升至更高的境界。对夜晚的向往化为对死亡的渴望，死亡失去了它的威慑力，从而标志着向绝对、唯一真实与永生的过渡。夜晚象征着永恒的拯救与永生。所有的局限都被打破，产生了包罗万象的和谐：

> 早晨必须反复到来吗？尘世的掌控没有尽头吗？凡事俗务烦扰着夜晚降临的节奏……白昼的光照终有竟时，但是夜晚的统治力超越了时空。[101]

以上文字与我们的时代存在着“恐怖”的现实联系，我们的时代更加忙碌，更加使人错乱，更加使人感到束缚，或许还更容易被诸多相互作用的影响所“消耗”，尤其是媒体上的影响。

> 我转头仰望，看向神圣的、不可言说的神秘夜晚。远处是大千世界——已坠入无尽深渊——那里一片荒芜与孤寂。胸口涌动着深深的痛楚。我要化身为露滴，与尘土混在一处。记忆的悠远，青春的愿望，童年的梦想，人终其一生，欢乐短暂而希望渺茫，正如日落之后便出现的暮霭。在其他地方，露营的人点亮灯光。他将不会再回到他孩子的身边吗？纯真的孩子仍然满怀等候的希望。
>
> 是什么突然闪现在我们心底，稍微缓解了痛楚？黑夜啊，你也垂青于我们吗？你在外衣下面藏了什么，它虽然并不可见，却有力地触碰人的灵魂？你的手里是一捆罂粟，它飘散着香脂的气味。你扬起灵魂那沉重的羽

> 翼。黑暗中，我们触摸到感动，那种感觉难以言表……对我而言，光明显得可怜而幼稚——告别白昼是多么令人愉悦和幸福啊……[102]

万物表现出对黑夜的服从，并在诺瓦利斯似是而非的总结性反问中得到升华："感染我们的一切，不都带有黑夜的色彩吗？"[103]

可是，即便在浪漫主义时期，对于夜色也有完全不同的文学处理方式。让我们想想霍夫曼那神秘而恐怖的《夜间故事集》吧，这是一部短篇小说集，描述了人性的恐怖深渊。其中，真实的和想象的画面、神鬼现象及可耻又可怕的事件，展现了夜晚深处的阴暗。人们下意识中的本能及平素被压抑的欲望破笼而出，预示着西格蒙德·弗洛伊德的出现。可是，尽管这种"黑暗的浪漫主义"影响到法国作家如维克多·雨果、美国作家如埃德加·爱伦·坡，却不能认为它有划时代的影响。

年轻的卡洛琳·冯·龚德罗得（Karoline von Günderrode）与诺瓦利斯身处同一时代，创作诗歌及其他文学作品，以下诗行便出自她的笔下：

> 白昼缺乏甜蜜的幸福，

它闪耀着光芒，使我受伤
太阳的光芒消耗着我的热情。
让你的眼睛避开尘世！
让夜色来保护你，它会抚平你的渴望，
它会治愈你的伤痛，好比饮了忘川的水。[104]

"浪漫主义者"克莱门斯·布伦塔诺（Clemens Brentano），据他自己承认，有时会为恶魔的骚动所折磨。在其作品中，布伦塔诺将现实与内心的冲突、幻象与梦境的元素结合起来，在夜晚的体验中得到放松及庇护。下文引用了他的诗句，他在诗中同样将光明与黑暗、白昼与黑夜对立起来，但同时又轻而易举地将其合而为一："夜晚那温馨的黑暗"与"金色声音自带的光芒"融合在一起，在夜色背景的衬托下，光明更加清楚地显现出它的轮廓：

小夜曲

你听，笛声再次响起，
清冷的源泉汩汩奔流，
金色光芒伴随着声音浮现，
安静，安静吧，让我们侧耳倾听！

优雅的请求，温柔地索要，

与心灵进行甜蜜的对话！

透过环绕我的夜色，

声音化为光芒刺入我眼帘。[105]

作家贝蒂娜·冯·阿尔尼姆（Bettina von Arnim）是克莱门斯·布伦塔诺的妹妹，同时也是卡洛琳·冯·龚德罗得的密友。阿尔尼姆曾经写道："独自置身于夜色之中，人们内心深处的渴望愈加清晰！"[106]夜晚一片寂静，能够使人"审视"白昼间纷繁复杂的印象与经历，从而很好地理解它们。

以下诗句来自约瑟夫·冯·艾兴多夫男爵（Joseph Freiherr von Eichendorff），虽然质朴，却表明正是寂静的夜晚带来的内心的宁静，为精神和灵魂创造了一种氛围，让人出乎意料地发现并认识到某些秘密：

漫游者之歌

漫游者，远离故乡，

没有任何理由，

水手感受着大海的寂寞，

星光从潮汐中升起：

寂静的夜色中，

两个人战栗着，揣摩着，

并未料及的一切，

白昼仍旧留着欢愉的感觉。[107]

如果说克莱门斯·布伦塔诺演奏的是长笛，艾兴多夫——也许是浪漫主义抒情诗人最著名的代表——演奏的就是鲁特琴，在“美妙的夏夜”或“森林之夜”的天空下，映衬出一幅五彩缤纷、令人神往的画面：

渴望

……他们歌唱着大理石塑像，

歌唱着岩石上面的花园

树叶在暮色中枯黄，

宫殿沐浴在月色里，

少女们倚窗倾听

泉水睡着般不再呜咽

就在这灿烂的夏夜。[108]

就艾兴多夫而言，其创作的众多诗歌——虽不全部但经常属于浪漫主义风格——开创了一个关于“夜晚”的视角。

这个视角由一个“我”来呈现：“‘我’独自立于夜晚，目光投向夜晚深处，幻想着夜晚的情景。”每个有所经历的灵魂都曾体验过内心的痛苦，艾兴多夫尝试用以上方式诗意地升华并减轻这种痛苦。[109]

在浪漫主义范畴内，“渴望”这一主题具有世界性，它着眼于内心感受与外在体验。除了这个主题，还有另外一种象征性的对应——它根本上就是浪漫主义时期的象征——神秘的“蓝色花”。它象征着世间万物的真正内核，也象征着现实与梦想、白昼与黑夜终于融合的渴望。

“通过超越现实的、多层次的感官体验”，自然与人的精神终于合而为一。[110]谁一旦找到了蓝色花的踪迹，谁就找到了真正的幸福，因为根据浪漫主义的价值观，蓝色花象征着生命价值的实现。顺便一提，诺瓦利斯对夜晚充满了狂热，在其未完成的长篇小说《海因里希·冯·奥弗特丁根》中，就介绍了“魔力蓝色花”。

艾兴多夫或在其同名诗歌中直接提到了这株“蓝色花”，或仅仅将其作为“花朵”与神秘的月夜联系起来。他在诗歌《夜的魅力》中写道：

……古老的歌谣正被唤醒，

美妙的夜色铺天而来，

那些理由又开始闪耀，
如你在梦中时常所想。

你认识那朵含苞的花吗，
它站在月光笼罩的大地？
从那花蕾中，半开半闭，
稚嫩的花蕊展现着容颜……
夜莺扑闪着它们的翅膀，
啊，爱带来了致命伤害，
美好的日子一去不复返——
来吧，来到宁静的大地！[111]

如果没有艾兴多夫的诗歌《月夜》，很难想象会存在一部关于夜晚的文化史。在这首著名的诗歌中，浪漫主义式的日常几无踪迹可寻，也绝难发现避世隐居或绝望的情绪。对于大自然的归属感浑然天成，对生命抱着肯定的态度，艾兴多夫的遣词造句发自内心，热情洋溢。所以，寥寥几行诗句便表达了包罗万象的和谐，一种此时此地由当世及来世构成的完美组合：

好像，天空

悄悄亲吻了大地，

在花儿的芳香中，

大地不由思念天空。

风儿吹过田野，

谷穗温柔起伏，

林木沙沙作响，

夜晚星空璀璨。

我的心远远地，

张开它的羽翼，

飞过寂静国度，

好似飞回故乡。[112]

关于艾兴多夫，最后还要提及他的诗歌《隐士》。该诗将生命的暮年比喻为给人带来安慰的宁静夜晚。夜晚告别了尘世的喧嚣，与上帝那里永恒的生命之黎明融为一体：

来吧，寂静的夜啊，安慰这个世界！

你从山那边温柔地升上天空，

……

岁月像浮云一样逝去
留我在这里孤独伫立，
……
啊，寂静的夜啊，安慰这个世界！
白昼使我如此疲惫，
无边的海洋暗淡了颜色，
让我暂时忘掉苦乐愁喜，
直到永恒的晨曦，
点亮寂静的树林。[113]

艾兴多夫的诗歌有相当一部分由同时代的罗伯特·舒曼谱曲。舒曼创作的第 39 部作品，其中“声乐套曲”包含了艾兴多夫的 12 首抒情诗，包括著名的《月夜》。早在 19 世纪，就产生了 40 部关于这首诗歌的谱曲作品，这使艾兴多夫成为最常被谱曲的诗人之一。他的诗句令人过耳不忘，具有独特的音乐性，非常合乎浪漫主义的音乐属性，后者能赋予声音以诗意而神奇的效果。

抒情诗的语言世界，特别是针对夜晚那特殊氛围的语言，能够持久地给作曲家带来灵感。诗歌与音乐跨越艺术形式，并与人的声音相结合，化为永恒而美丽的夜歌。[114]

下面这首关于夜晚的诗歌浪漫而忧郁，出自尼古拉斯·雷瑙（Nikolaus Lenau）。该诗表现出厌世和疏离的情绪，但也伴有某种宁静，创作于浪漫主义与另一时期的过渡期，后者从政治、社会的角度对文学艺术做了全新的评价。

请求

你黑色的眼，停留在我身上，
用尽你所有的力量，
肃穆的、温柔的、梦幻的，
莫测高深的甜蜜夜晚！
运用你那神奇的黑暗，
从此将我的世界夺走，
你就停留在我的上空，
孤独而永久地漂浮着。[115]

夜晚具有神奇的魔力且莫测高深。白昼的经历使人难以忍受，经常充斥了无关紧要的琐事，夜晚因而救世主般成为白昼的对立一方。夜晚的温柔中带着神秘，使得“这个世界”——日间的陈规旧习——化为无形：带来一片平和的氛围。夜晚被称为“直刺人心底”的黑色眼睛，只有信赖夜晚的神奇魔力，才能摆脱白昼给人的不安、忙碌、肤浅的痛苦感受。

“冷酷的现实产生令人感到陌生的束缚”，即“白昼汲汲以求，用问题给人痛苦”。这是阿德勒·叔本华的诗，文字流畅而有力。在一片寂静的黑暗中，束缚与痛苦失去了最初所谓的重要性——在母亲怀抱般的夜色中不再有恐惧的心理。

致夜晚

啊，我静谧的恋人！无言的肃穆夜晚！

用你母亲的臂弯安抚我的伤痛！

华丽的面纱笼住我疲惫的头颅，

僵硬的心在涕泗滂沱中被融化。

让我遇他于梦中唤醒我的热念——

现实冰冷，泪水不再能给我安慰。

白昼汲汲以求，用问题给人痛苦，

你被禁锢于远方无法向前踏足——

第一次没有人强行要求

灵魂也挺立起身躯想回头遥望

那里——有人认为是死亡之地，

啊！错了！孜孜以求的是——生命！[116]

提起 19 世纪上半叶所谓的毕得迈耶时期，人们马上想到深居简出的私人生活、田园风光，甚至想到陈腐的小市民习气。这个时期出现了许多伟大的文学家，他们并不仅仅追随古典主义—浪漫主义的传统，也并不仅仅揭示人间的小小幸福，而是意识到理想主义的想象与现实世界之间的冲突，并在他们的作品中加以表现。

奥地利作家弗朗茨·格里帕泽（Franz Grillparzer）是毕得迈耶时期的开创者，他曾说道：“对我而言，除了诗歌艺术，没有什么可以称为真理。”[117] 格里帕泽的戏剧作品以个人痛苦的放弃与牺牲为主题，并以此而闻名于世。其“心理现实具有令人惊讶的现代色彩”[118]，这在他的戏剧作品中清楚地得到表现。

下面是弗朗茨·格里帕泽的一首抒情诗，诗中将使人清醒、放松的小憩歌颂为“夜晚的可爱孩子”，某种程度上让人想起歌德那首《夜歌》中的“睡吧！你还有何企求？”

贝莎的夜晚之歌

夜晚用它

扇动的翅膀

笼罩山谷丘陵

安睡吧。

对着瞌睡的人
对着可爱孩童，
轻声而温柔地
耳语：

“你知道吗，
一只眼睛警醒而忧虑
可爱的孩子，
快到我的怀里！”

你感觉到他在靠近吗？
你感觉到那份安静吗？
睡意笼罩了世间万物。
睡吧。你也睡吧！[119]

安妮特·冯·德罗斯特－许尔斯霍夫（Annette von Droste-Hülshoff）被视为其所处时代最重要的女诗人。在许多诗歌中，她将夜晚及其先行者——黄昏——作为渲染氛围的背景，如《荒原中的房屋》的前几行：“侧耳倾听的，被暮光包围着/覆盖着茅草的小屋。”而诗歌《在青苔中》则这样开头：

夜晚为受够了阳光的大地

也为黄昏轻声传来了讯息，

我孤独地躺在林间青苔中，

朦胧的枝条亲切地点着头，

药草在我脸颊边轻声耳语

荒野的玫瑰发出无形香气。[120]

在诗歌《牧人篝火》中，诗人用夜晚来设置诗意的对比：

沼泽里除了黑暗，还是黑暗，

荒野上空笼罩着夜色，

只有沙沙作响的草秆

还在磨盘旁警醒着，

……

铃蟾蹲伏在沼泽，

刺猬蜷曲在草丛，

在腐烂的树枝那头，

蟾蜍于睡梦中发抖，

……

是什么在金盏花后面发光，

构成稀疏的光环？

光影闪过，

旋即熄灭，

一切又陷入黑暗——[121]

许尔斯霍夫创作的十四行诗《不眠之夜》，用诗意的方式“细致地”记录了整个夜晚直至黎明的个人印象与感受，将夜晚视为整体的一部分，而非一个自成一派的世界。

在许尔斯霍夫的文学作品中，各种文学潮流交错共存，表现了女诗人的极高天赋。毕得迈耶时期另一位伟大的诗人代表爱德华·莫里克（Eduard Mörike），与许尔斯霍夫一样，作品不落窠臼：

午夜

夜色恬静地覆盖大地，

梦幻般地倚靠着山脊，

夜之眼凝视金色天平

时间在两端陷入停滞，

源头的水在汩汩流动，

在黑夜母亲耳畔歌唱，

歌唱白昼，

歌唱今天已经逝去的白昼。

古老的催眠曲，

她并不在意，她早已厌倦，

碧空的蔚蓝使她更觉甜美，

忙碌而束缚的时光悄然离去。

泉水却依旧重复着同样的诉说，

即便在睡梦中也不停歇，

诉说白昼

诉说今天已经逝去的白昼。[122]

爱德华·莫里克的语言和诗歌融合了古典、浪漫和现实的元素。这首《午夜》，诗意地记录了黑夜母亲的对立与统一。在夜晚，神话中的尼克斯降临，还带着象征白昼及其短暂性的女儿们，即泉水精灵宁芙。伴着宁静的睡梦，尼克斯象征着永恒之美、和谐、平衡与一致，可却回避不掉汩汩涌动的泉水。

与母亲——黑夜——那充满威严感的宁静相比，人们可以将这些泉水精灵视为“捣蛋鬼”，或者将其视为世俗的——现实的对立面。在人们尘世生活的框架下，这个对立面始终作用于永恒而真实的宇宙之夜。尽管夜晚自己似乎厌倦了“古老的催眠曲”，却以一种对立的方式与永不止歇的泉水一起隐喻了尘世生活的潮起潮落。

在该诗中，有一个表达给人以现代感，并预示了很久之后开始的一项关于睡眠的研究：人在睡梦中梳理白天发生的一切——“已经逝去的白昼”像永不止歇的泉水在睡梦中汩汩流动，而睡眠与这种梳理为人类提供了必要的、无可替代的帮助。白昼在夜晚完全失去了它的位置，夜晚使人的身体和灵魂进入安眠，从而实现了无比重要的平衡。诗人爱德华·莫里克自己就渴望实现这种平衡——他一方面遵从自己的诗人使命感，另一方面为了生计，在白天不情愿地扮演牧师的角色，并在二者之间苦苦挣扎。

自从安德烈亚斯·格吕菲乌斯这样的巴洛克作家创作宗教歌曲以来，人们对于宗教的态度随着时间发生了变化，这种变化在新闻记者、科学家与作家戈特弗里德·金克尔（Gottfried Kinkel）的作品中得到了明显体现。黑暗的夜色失去了它的威慑力。下面这首诗共有四节，每节都以使人感到安慰和愉悦的诗句结尾：“放下吧，我的心啊，那伤害你的 / 那使你感到恐惧的！”以下仅选摘两节。

心灵的夜歌

四周陷入了巨大的寂静，

夜晚的声音已逐渐平息，

如今人们听到四面八方
天使的脚步声响起，
在山谷的四周落下
黑暗和强大的威势——
放下吧，我的心啊，那伤害你的
那使你感到恐惧的！

世界在沉默中休憩，
喧嚣已过，
喜悦之情默而不宣
痛楚的呼声也被压抑。
它赠人玫瑰，
它带来荆棘——
放下吧，我的心啊，那伤害你的
那使你感到恐惧的！[123]

启蒙时期抒情诗中的“暗夜思想”

一旦我想到黑夜中的德国，我就从睡梦中惊醒。

海因里希·海涅[124]

1830 年前后，德国兴起了一个叫作“青年德意志”的运动。运动的主体是一批青年作家，他们背离了古典主义与浪漫主义的理想主义世界观，深信必须使“诗歌创作……活生生地与政治、世界观及社会现实结合起来”。[125]

海因里希·海涅辛辣讽刺的怀疑论，被文学家兼哲学家弗里德里希·特奥多尔·菲舍尔（Friedrich Theodor Vischer）称为“有毒的浪漫主义”[126]。而爱德华·莫里克据说曾这样评价海涅：“他确实称得上是一位诗人，可是我却不愿和他共居一室，哪怕是一刻钟的时间……”[127]

尽管海涅认为浪漫主义的“美丽世界”脱离现实并加以拒绝，实际却与其息息相关。海涅一方面关注社会现状，批评现实生活中那些斤斤计较、偏私不公的使人不安的日常经验，另一方面又无限渴望和谐、纯净、丰富的内心感受。

那边，天之眼处
金色光芒闪动着落下
划过黑夜，划过我的心灵
延伸着，向着远方延伸。

啊，那边的天之眼！
哭诉声传入我的心，

天边微弱的星辰

填满了我的心灵。[128]

在资产阶级主导的现实主义时期，人们不再能够对现实的社会问题视若无睹，文学也日益严肃地对待这些问题。令人幡然醒悟的社会现实，权贵与低贱、富贵与贫穷之间横着的深深的鸿沟，以及其间充斥的尔虞我诈与道貌岸然，取代了被视为浪漫幻想的浪漫主义观点。终其一生，克里斯蒂安·弗里德里希·黑贝尔（Christian Friedrich Hebbel）都在研究个体之间、个体与集体之间的对立关系。个体为了集体进行自我牺牲，黑贝尔为此研究道德纯洁而命运悲惨的个体的悲剧。他在《夜歌》中写道：

孕育万物的夜晚膨胀着，

遍布着灯火与星光：

在那永恒的远方

告诉我，是什么已经觉醒！

心在胸膛里夺路狂奔，

蓬勃而有方向的生活，

我感觉生活来往反复，

我的世界却无处容身。

睡吧，你会静静靠近，
好像孩童靠近那乳母，
围绕着你渴望的火焰，
你佑护般在兜兜转转。[129]

夜晚好似乳母一般，给人提供保护，仁慈地使人淡忘往事，而睡眠给人带来心灵的宁静。在《夜感》一诗中，黑贝尔对此进行了更全面的描述。在安宁的睡眠中，白昼间经历的伤痛与喜悦、幸福与悲伤都如冰雪般消融，白昼与黑夜就此“缔结了和平协议”。在黑暗的夜色中，生命的光明与晦暗化为一支催眠曲：

和平地争斗着
夜晚与白昼。
如何平息争斗，
如何解决争斗！

使我心情沉痛的，
你是否已在痛苦中睡去？

使我欢欣雀跃的，

告诉我，我的心啊，那是什么？

喜悦与忧愁，

我感觉已消失不见，

可那睡意

却悄然由它们而来。

就这样飘飞着。

越来越高，

生命于我

根本，就是一支催眠的歌谣。[130]

这首诗离黑贝尔后来创作的《夜祭》只有一步之遥，而后者像是圣歌一般：

夜晚的寂静啊！

神圣的丰盈，

好似来自神的祝福，

由永恒的远方传来。

生活在那里的，

与世隔绝的，

奔向远方吧

轻柔地

它又回归自我

在不自觉的幸福中惊醒

所有的星辰落下

带来美妙的祈福

使得疲惫的身体

重新焕发了生机

万物之主尽力地

跨出主宰的黑暗

支离破碎的线索

又被他重新连接。[131]

戈特弗里德·凯勒（Gottfried Keller）在小说中着力突出表象与事实之间的差距。凯勒在作品中指出同胞们的各种问题，时而在笑声中讽刺，时而虽然讽刺，却忧心忡忡并发出警告。可是，凯勒代表了一种内敛的沉静，这种沉静基于他从根本上对世间万物存在着好感。以下节选的诗句证明了作者内心的宁静与坚定：

夜的静谧

欢迎你，晴朗的夏夜，

你在满是露水的田野，

金色的群星向我问候，

嬉戏摇摆在宇宙空间！

可是在那神秘的地谷，

隐匿着一种神秘沉默，

我是感觉如此得轻松，

世界那么安静与美好。

最后的痛与嘲讽轻轻，

消失于心底的最深处：

好似，古老的万物主，

终于告诉我他的名字。[132]

路德维希·雅克博夫斯基（Ludwig Jacobowski）生活并活跃于20世纪晚期的文坛。早在15岁的时候，他就发表了自己的第一部诗集。虽然生命短暂，但是他的诗歌艺术、报业生涯与社会交往都使其成为世纪之交柏林公众生活中的重要人物。

回家

夏夜因此变得如此沉重：
乡愁袭来，挥之而不去，
轻抚着我的脸颊。

心中感受着美妙的意义，
想出发，却又不知何往，
站立着畏缩地打量自己。

到底应该去向何方？
手中持着火把，
思念指向遥远国度，
那里千万条道路汇聚在一起。

啊！我要走那条路，
我一定要回到家中，
心啊，去找那路吧！[133]

虽令人难以承受，乡愁却如夏夜的孪生姐妹般不约而至：她依偎在诗中“我”的身旁，轻抚着“我”的面颊，用火把照向远方，那里“千万条道路汇聚在一起”。夜晚充满了忧郁而“神秘”的气氛，在她的帮助下，“我”内心呼唤的道路悄然显现：一条回家的路。雅克博夫斯基的生平中包含一段艰辛的青年时代，他希望自己犹太人的身份得到认可，又希望被认为是土生土长的德国人，以在出生地找到“家”的感觉，这些都在他的诗歌中起着重要的作用。

在《回家》这首诗中，夜色撩起了人们的思乡情绪，下面这首诗则直接将夜晚拟人化。给人以温柔的抚慰，充满母亲的关爱，同时给人以威严的感觉，夜晚拖着“丝绸般的裙裾”，使人想到尼克斯——古老的夜之女神：

夜晚的慰藉

黑夜有一双温柔的手，
她将手伸向我的床榻，
我便因为恐惧而流泪，
黑夜的手轻抚我双眼。

之后黑夜离开了房间，
我听见温柔的沙沙声，
痛苦好比带刺的枝干，
被黑夜拖曳在那身后。[134]

人们将 1890 年至第一次世界大战爆发的 1914 年这段时间称为世纪之交。该段时间受到诸多因素的影响，人们不能简单地用“多元主义”概括之，且这一点不仅适用于文学。当时，世界末日与重生的感觉并存，一种广泛的希望是：从所有寻常事物中尽可能清晰地跳脱。现实主义受到法国象征主义的影响，与表现主义一道汇入后来持续数十年的现代主义时期，后者深受第二次世界大战及之后时期的影响。

里夏德·费多尔·利奥波德·德默尔（Richard Fedor Leopold Dehmel）被视为所处时代最重要的抒情诗人。他能够全身心去感知自己的经历，并用诗歌将其记录下来。《升天》这首诗表现了夜晚给他的印象，他在诗中将夜色描绘为佩戴银色花环的形象。在夜色“救赎而温柔的光芒中”，所有的担忧都一扫而空，他感觉回到了史前时代：

夜晚，你从远方飘落，
带着你那银色的花环，
夜晚，你永远在上空，
黑暗中给我银色光芒。

眨动的眼似乎有爱意，
所有的爱已经被释放，

双臂似乎自由地落下，
所有渴望已经被满足——

远方一颗星向我闪耀，
所有的恐惧已然放下，
无忧无虑地沉醉着啊，
星星闪耀着悄然坠落。

那诸般力量推动着我，
奔向那星，它在坠落——
形成着，发展着
最终被攫取并被带走

将我救赎回古老时代，
那时的人未曾目睹过，
星星如何划过那夜空，
心灵如何解开那谜语。[135]

奥托·尤利乌斯·比尔鲍姆（Otto Julius Bierbaum），也以笔名马丁·莫布斯（Martin Möbius）或辛普利西梅斯（Simplicissimus）出现。对于比尔鲍姆而言，没有星星的夜晚有着强大的疗愈功能，是一种“神圣的存在”，他歌颂夜晚，称其黑暗而狂野，但同时善良而给人宽慰。比尔鲍姆创作了一系列感人至深的以“夜”为主题的诗歌，如《夜行》《常感静夜》和《致夜晚》：

散发着香气的，因潮湿而沉重的，
发出沙沙声潺潺声，没有星星的，
黑色的，似天鹅绒般的夏夜，
我的心倾听着你内在的胆怯，
就把它从我的身边带走吧，
那使我长时间疲惫的一切。[136]

时至今日，赖内·马利亚·里尔克仍被一些文学家视为“诗歌创作的典范”、极具个性的天才诗人，称其为现代主义文学的先驱之一。他的作品受到多种文学流派的影响，其中包括印象主义、象征主义与虚无主义。里尔克感觉自己诞生于他所热爱的黑暗，下面这首诗就证明了这一点。

黑暗啊，我从你而来，
我爱你，胜过那火焰，
火焰约束了世界，

它燃出，

一道光圈，

却没有人知道你的样子。

可是黑暗包容了一切，

有形的物与火焰，动物和我，

黑暗能抓到一切，

人类与权力——

或许有一种强大的力量，

活跃于我的身边。

我信仰着黑夜。[137]

在《日升或日落》一诗中，里尔克比较了明亮的白昼与黑暗的夜色：

我该称你为上升还是下落？

偶尔，我会害怕面对早晨

胆怯地去感受它的玫瑰红——

感觉它的笛声有一丝恐惧，

害怕白昼没有歌谣又漫长。

温柔的傍晚时分啊属于我，
它在我的眼里被安静照耀，
树林已在我的臂弯里入睡，
我是高悬在它上空的鸣响，
相比这些小提琴里的黑暗
类似于我感到的所有暗淡。[138]

星辰挥洒着“白色的光芒”，制造了“明亮的夜晚”，进而创造了一个“飘洒着月光的世界”，里尔克在以下诗句中描写道：

忘记吧，忘记吧，现在让我们只去
经历，看那星辰如何划过
晴朗的夜空，月光如何洒满
所有花园。我们早就感知到，黑暗中
如何产生镜像，一道微弱的光如何升起，
像是夜色光芒中的一道白色的影子。
现在，让我们彻底进入那个世界吧，
那里洒满月光。[139]

克里斯蒂安·莫根施特恩（Christian Morgenstern）的诗充满了幽默、荒诞、诙谐，同时也具备批判与捉摸不定的深刻意义。例如，他《绞刑架之歌》中的诗句就有调侃戏谑的意味："曾经有一堵篱笆墙，那里中间有空隙，可以向远处张望。"[140] 另外，在他的作品中，夜晚经常被设为背景，例如《月光下的绵羊》《午夜的老鼠》或仅由长短符号组成的《鱼之夜歌》。但是，诗人也具有严肃、深刻的一面，这体现在他的爱情诗歌《正值夜晚》中，这首诗为他赢得了外界极大的尊重。

克里斯蒂安·莫根施特恩的作品体现了两种截然对立的艺术处理方式：一方面是文字游戏般地创造语言，另一方面是抒发内心深处的情感。他曾创作过两首诗歌，都以夜色为背景，但毫无共同之处。如果将这两首诗歌放在一起看，以上对立就表现得尤为直观。其中一首是：

叹息的人

一位叹息的人在夜间的冰上滑着雪橇

他梦想着爱情与欢乐

他在城墙边滑着雪橇，雪白的光

是那一片城墙在闪亮。

叹息的人想着一位姑娘，

脸上泛着红光站在那里，

脚下的冰便在此刻断裂，

叹息的人——不见了踪影。[141]

另外一首是：

正值夜晚

正值夜晚，

我的心飘向你处，

不再忍受，

不甘愿耽于我身。

它卧于你的胸口，

好似一块石头，

沉入你的身体，

融入了你的心。

只有在你心里，

那里才有安宁，

位于永恒的你

内心最最深处。[142]

大城市的夜晚也是莫根施特恩作品的一个主题。他由此提出了一个至今依然重要的人生问题：人类置身于喧闹的日常生活，是否还能意识到自己的永恒天性，是否已经在生活中迷失了本我：

大城市之中

看啊，夜色已然降临！

阴沉的河流

无声地穿过

城市的喧嚣。

河流安静的面容，

映出上千颗星星。

可你的灵魂呢，人类孩子？

你并非荒谬火花的

儿戏与镜子

火花成于昨日，

逝于今晨——

你守着喜怒哀愁

并没有失去

居住的天空——

你并没有

忘记自己，

人类啊，

你的容貌

是否永恒？[143]

受到里夏德·德默尔资助的格里特·恩格尔克（Gerrit Engelke），批判大城市日益技术化且缺失人性的职场，将其称为“彻头彻尾的工作地狱”。可是，他在《夜晚的祈祷》这首富有表现力的诗歌中，呈现的却是令人惊讶的、充满平和氛围的情感。诗中描述的夜色具有正面意义，给人以温暖，笼罩着“厌倦了白昼”的沉默城市，使人几乎感到置身于一派夜间的田园风光：

夜晚温馨地绽放，

星星的每个眨眼，

夜空的每个泪滴——

黑暗沉默的城市，

安静地睡着，厌倦了白昼，

在夜空的泪滴下——

整个城市都被覆盖着，

被灯光，它祝福所有入睡的人。

这个夜晚啊。[144]

黑夜是堕落的天使

与此相反，格奥尔格·特拉克尔在《夜歌》中清楚地表明，夜晚对其而言远非理想可言，而是散发着强大而骇人的冰冷气息，这恰恰反映了作者晦暗而悲凉的世界观：

来自安静的呼吸。一张动物的脸，

在蔚蓝面前瞠目，惊奇它的神圣。

岩石中蕴藏着巨大的沉默；

一只夜鸟戴着面具。温柔的三重奏

最终化为一种声音。埃莱！你的面容，

无言地俯向蓝色水面。

啊！你们平静地反映着真实，
在那孤独地象牙鬓角，
浮现坠落天使的光芒。[145]

由于对战争的恐惧，特拉克尔结束了自己的生命。他将反人类的恐怖转为富有表达力的、形象的语言，来表达自己的恐惧与绝望。“烈火深渊”与“血雾”带来“悲伤心情中的夜晚”（见特拉克尔《人类》一诗），“内心的黑夜”使人的思想与感觉被恐惧占领，直到身体与内心都被摧毁：

格罗代克

秋天的树林在傍晚发出声响，
来自致命的武器，金色大地，
蔚蓝的湖泊，太阳悬在空中，
阴沉着面孔划过，夜晚笼罩
将死的武士，狂野的呼喝声
发自他们因受伤而撕裂的嘴。
牧场上空悄悄堆积了红色的
云雾，里面有位愤怒的神灵，

殷红的鲜血尽染，凄冷的月；
所有街道都通向黑色的腐朽。
在夜与星光的金色的枝桠下，
妹妹的身影摇过沉默的树林，
迎接英雄的亡灵和浴血头颅；
秋天沉郁的芦笛轻轻地响起。
更高傲的哀悼！那青铜祭坛
巨大的伤痛滋养着心头烈焰，
那些未曾来到人世的孙辈们。[146]

这首诗歌描写战争中的一个夜晚，所采用的“死亡色彩笔触”具有表现力，给人深刻印象。诗中，金色的山谷与湛蓝的湖泊充斥着人畜黑色的腐烂尸体，漂浮着将死士兵流出的鲜血。这首诗被一些人视为“战争（一战）中最有表现力的西方诗歌”。[147]

早在第一次世界大战爆发前三年，格奥尔格·海姆（Georg Heym）——与特拉克尔同样出生于1887年，1912年因试图救一位朋友而丧生——就写下了诗歌《战争》。该诗未定稿，下文将部分引用。诗中，海姆借用《圣经》里索多玛和蛾摩拉被毁灭的典故，以一种可怕的幻想的方式，表达了对即将到来的大屠杀的恐惧。与特拉克尔一样，海姆驾驭着富有表现力的语言，使夜色与致命的战火形成鲜明对比。不止于此：夜晚及其“黑暗的平原”与“死寂的黑暗”，似乎被剥夺了所有力量——面对无法阻挡的战火，白昼飞速逝去，夜晚在枯萎。在黑暗的战争恶魔手中，月亮——夜晚的陪伴者——变得支离破碎：

> 他站了起来，经过长久沉睡，
> 从穹顶深处站了起来。
> 他站在黄昏，高大却很陌生，
> 他伸出黑色的手将月亮捏碎。
> ……
> 他驾驭着火焰穿过整片田野，
> 如驱赶一只张嘴狂吠的红犬。
> 黑暗中迸出夜晚的黑色世界，
> 它的边界被火山照得那么亮。
>
> 远远的是上千只红色尖顶帽，
> 黑暗的平原四处闪烁着火苗，
> 楼下街道上到处是逃窜的人，
> 他轻吹向火堆使火焰更明亮。
> ……

一座巨大城市陷入黄色烟雾，
无声地使自己沉入深渊之中。
炽热的废墟上空他站在那里，
狂怒天空中将火炬转动三次。

狂风撕碎了云朵反射着光芒，
死寂的黑暗中是冰冷的荒漠，
他用火把各处夜晚烧得枯萎，
沥青与火光便滴落在蛾摩拉。[148]

埃里希·米萨姆（Erich Mühsam）是一位和平主义者，同时也不屈不挠地捍卫着犹太人的传统。他采取抗议行动来反对各种形式的压迫，对抗饥饿与贫困。他曾呼呼个人自由及绝对的人类和平，也呼吁进步力量团结一致。

米萨姆一再被逮捕入狱，最终被党卫军杀害。在他的诸多诗歌中，已流露出死亡气息。《义务》一诗以意味深长的语句开头：“曾经，死亡造访我处……”在下面的诗节中，米萨姆将灵魂深处“黑夜的阴影”与“大海令人生畏的喘息”联系起来，给人以深刻印象：

房子的后面有一只狗在吠叫。

因为黑夜的阴影苍白而漫长。

大海的心灵因为流泪而受伤，——

月光贪婪地钻入海藻并搜寻。

一艘船匆匆地穿过早晨的雾，

黑色的船帆，似被死神吻过。

潮水吐着咸湿咆哮着在逼近……

心底腐朽的支柱在咯吱作响。[149]

也许《你曾随我而行》这首诗更加黯淡。除了月亮，作为夜空常伴者的星辰也失去了它们的光芒，随之失去了曾经拥有的种种魔力。不止如此，星辰“病态的光芒”无法再缓和对所有未来事物的畏惧：

你曾随我而行。天幕低垂

从四面徐徐逼近。

一只狗在路上摇晃，一个侦察兵

瘪着肚子，伸出爪子。

黯淡的星星看起来潮湿而倦怠，

像从衰老的肺中传出的咳嗽。

在碎云口中发出病态的光芒，

悬挂的黄色月亮，好似夜空之舌……

你曾随我而行。远方传来大海的呜咽。
火光未有照亮世界的边缘。
我们感觉潮湿的夜气包裹着全身
因为恐惧生命而步履维艰，
靠着我们最终的生存勇气，
终究战胜苍白可怕的命运——
然而黑色的树木指向夜空，
充满怀疑地摇着它的树冠。[150]

历史上的三十年战争、一战与二战令人思来生畏，极权统治在背后支撑着这些战争，使它们在欧洲文学中留下了难以磨灭的痕迹。夜晚成为世界末日般战场的暗喻。

当然，我们对不光彩的事情也不能视而不见：除了以上诗篇，也存在宣传式的——鼓吹战争的诗句，但它们在这里没有立足之地。一战之初，里尔克也陷入了战争的狂热，但不久便抽身远离。

奥地利诗人威廉·邵博（Wilhelm Szabo）反对以任何形式鼓吹纳粹，也拒绝接受与之相关的报酬，因此不时地无法从事教职。下文节选的诗句来自他的诗集《在村庄的夜色中》：

回忆小小房间

没有镜子装饰墙壁。
没有箱笼存我华服。
屋外有农夫在割草，
屋外大地如此粗暴。

夜里就着微弱烛光，
我却依然保持清醒，
是否那骇人的黑色，
会透过窗户来窥视？

林叶沙沙，敲响着
被人们遗忘的时光。
在所有的犄角旮旯，
都渗透出孤独寂寞。[151]

对于邵博而言，孤独始终意味着独立——面对一个根本不能接受其观点的世界，选择不同流合污。无论是放眼于未来还是面对眼前的社会现实，都不愿付出任何代价加入其中。结果就是，要与外界保持距离，正如《回忆小小房间》中所写的，即便夜色袭人，也要保持清醒，不出卖自己的灵魂，从而最终忠实于自己。原则是远离所有民粹主义文学倾向，并认识到，被利益诱惑的危险有时比预想的来得更快。下文引用的诗句正突出了这一认识，表现了午夜与黎明之间的黑暗：

村庄般的灵魂

啊，我的灵魂化为一座村庄，
充满敌意，并且虚伪，
每日不醉无归
从午夜的农家餐桌……

破坏房屋，摧毁
林带并逃之夭夭！
因为你的灵魂化为村庄，
充满阴谋诡计，并炫耀自己。

你寻找自己的床，并攫取泥炭。
天色已微亮。睡吧，灭掉烛光！
没错，你的灵魂化为一座村庄，

肮脏堕落，谎话连篇。

我的梦境好似杂乱的灌木丛，

我的睡眠支离破碎似着了魔。

因为我的灵魂化为一座村庄，

沼泽与荆棘野蛮生长。[152]

除了《在村庄的夜色中》，《乡村之夜》《夜色赞歌》和《树影愈来愈深》等作品也证明了邵博的作品与夜色有着紧密的联系。

邵博还有四行简单的诗句，它们言简意赅、恰如其分地表现了昼夜之间的明暗对比关系：

白昼大张旗鼓。

夜幕悄然降临。

黑暗拯救万物。

白昼黯然退出。[153]

在 20 世纪与 21 世纪，虽然也有诗歌以大自然的情感为主题，结合傍晚或深夜的黑暗，带着充沛的感情展开诗行，夜晚却在其中大多数情况下失去了魔力。诗歌的格调与语言、带来疏离感的怀疑方式，以及绝望的或批判社会现实的观察方式，都明确标志着与传统诗歌的割裂，并取代了先前对诗歌更为无条件投入的做法。而这种投入正是以努力从大自然及其永恒的昼夜更替中获取灵感与指引为基础的。

内心受到的震动、被剥夺感与无尽的伤痛，即使在战后，也需要文学的处理，它们使人绝望，但也会唤起人们的生存意识，使人们发出自己的声音。就此而言，这些与战争相关的情绪为抒情诗提供了生存空间。

作家兼出版编辑理查德·莫林（Richard Möring）笔名为彼得·加恩（Peter Gan），他在作品《歌谣》中表达了一种充满希望的思想：对一切遭遇和未知事物的恐惧，使夜晚的黑暗成为人生的最佳隐喻，但这种恐惧可以被控制、克服和化解。尽管夜晚与恐惧紧密相连，“恐惧的迷雾”终将散去，“热爱星空的人”终将意识到，他们将重新发现生命的意义与他们所思考的相一致，而生命之舟无须“倾覆”。

歌谣

少见地，我唱着歌并

确定：我的歌唱有意义。

可是我一旦明确意义，

一切便如雾气般灰暗。

所有易于理解的言语，
都在朦胧中飞速消逝，
本来一目了然的概念
倾覆：一艘沉没的船。

我为何歌唱？“你歌唱”，
恐惧回答我，“是出于恐惧，
恐惧攫住了你，对黑夜的恐惧，
夜莺啊，是恐惧使你唱着歌。”

热爱星空的人，你听到我的歌了吗？
一切陌生的都逃离。
赋予它意义和感觉并
彼此获得统一。[154]

当代关于黑夜的抒情诗

为形象地说明对于黑夜主题的各种现有处理方式，举以下三个例子——两篇诗歌与一支歌曲，并以此来结束“关于黑夜的诗歌”这一主题。即便在当代，仍然有诗歌以白昼的对立面为主题，将其特殊的、原始的、对人类心灵产生积极或消极意义的力量用于文学创作。

睿智、温和、温柔与神秘——德国音乐节目主持人、广告写手与抒情诗人汉斯-克里斯托夫·诺伊尔特（Hans-Christoph Neuert）用这些词语来定义黑夜。例如，关于“傍晚”与“黑夜”主题，他创作了下文中令人感觉平和的九行诗：

傍晚

星星在微笑

智慧

月亮

洒下柔和的光

微风吹拂着你

平静而温柔

夜晚已准备好——

使自己

变得神秘[155]

与此相对，尼克·斯萨巴（Nico Szaba）创作了《夜色正浓》一诗，以黑暗、陌生与恐惧为中心内容。没有布满星斗的夜空，诗中的主人公只能借着昏暗的路灯前行。以下关于夜晚的诗句来自斯萨巴的《红黑诗集》，这些诗句并未聚焦于幸福，而是描述了“幸运”的短暂瞬间：

正值夜晚
夜色将要
吞没我

我急急地
穿过阴暗的小巷
有那么一刻
僵立着
在那路灯
苍白的灯光下

蓦地
传来脚步声

匆匆忙忙

我弯下腰
把鞋带系紧。

多么幸运啊，陌生人没有
注意到我靴子上的
拉链。[156]

最后，以一首当代的“情歌”结束本章，它来自德国的摇滚乐队背影杀手（Bakkushan）。

只有这个夜晚
多么悲伤的一个时刻
你只告诉我，我们不应该再见
我曾笃信，我们之间如此完美，
只能有美好结局。

时间尽力治愈，却无法保持万物永恒。

我只剩下这个夜晚，只有这个夜晚

悲伤的歌曲

我想着你

物是人非

有人说："会好起来的"

可这并不正确

人不能两次踏入同一条河流。

一句错误的话，我虚假的骄傲

你的最终画面在日光中变得苍白

有人说，每个午夜开启新的一天

可这并非对我而言

时间尽力治愈，却无法保持万物永恒。

我只剩下这个夜晚，只有这个夜晚

悲伤的歌曲

我想着你

有人说："会好起来的"

可这并不正确

人不能两次踏入同一条河流……[157]

没错，没有事物是永恒的。不可能如此，也不应该如此。具有传奇色彩的贝托尔特·布莱希特创作了《诗的糟糕时代》，诗中抨击了希特勒的独裁统治，并呈现了诗人自身的逃亡生活。诗中写道：

我的诗歌中有一个韵脚
也让我感到那近乎不敬。

我的内心很矛盾
一方面为盛开的苹果树而欣喜
另一方面惊恐于粉刷匠[1]的演说
可只有后者
催我走向书桌。[158]

实际上，在战后时代，非虚构类书籍日益流行，同时，长篇小说、漫画与其他文学形式更容易吸引读者，它们虽然没有完全排挤诗歌，却已使诗歌相形见绌。可是，这并非意味着诗歌只能偏居一隅。恰如本书中引用的诗歌突出了夜复

---

[1] 编注：布莱希特常把希特勒称为粉刷匠，因希特勒曾做过建筑工，画些装饰性的小图画。

一夜如期降临的黑暗，这些诗歌将永存于世。将它们捧于手中，在安静的那一刻（或许高声）诵读，感受甚至沉浸于诗句之中，这会给人以启迪。对于我们如今远离自然、被陌生裹挟的灵魂而言，这样的诵读不啻为一件美事。让我们多多分享这样的独特思想与感受，千百年来它们由神秘的夜晚馈赠给我们——这种馈赠还会持续进行！

关于黑夜的音乐与绘画

小夜曲及其他

有一种管弦乐曲的名字很美，称为“小夜曲”（serenade），其有据可考的历史可以追溯至17世纪。最初，小夜曲纯为娱乐性组曲，当夜幕降临或稍晚时演奏。（该名称来自意大利语。在意大利语中，sereno意为“晴朗”，al sereno意为“晴空之下，在户外”；sera意为“夜晚”。）最初，小夜曲经常于户外演奏，管乐器使用的谱架随意摆放，后来逐渐发展成为要求较高的管弦乐组曲。

沃尔夫冈·阿玛多伊斯·莫扎特创作了著名的第13号小夜曲，即“G大调弦乐小夜曲”（KV 525）。莫扎特的“小夜曲”也许是他最有名的作品，时至今日仍令人耳熟能详，甚至成为许多广告与视频的背景音乐。而在莫扎特创作的歌剧《魔笛》中，有与“夜女神”对应的角色——“复仇女王”。

在《魔笛》中，咏叹调的前几行唱作："复仇的地狱之火在我的心中燃烧，死亡的阴影与绝望的心情在我身边环绕。"[159]

就小夜曲这一形式而言，还有一位作曲家不可忘却：弗朗茨·舒伯特。直到今天，在电视演播室里还会出现这样的一幕：一位著名的顶级演奏家拿起小提琴，奏响"我的歌声轻轻地请求"，所有年龄段的听众依然陶醉在琴声里。（见 2009 年 12 月 18 日北德广播电视台的节目"Tietjen & Hirschhausen"。）[160]

当然，许多其他著名音乐家也创作了小夜曲，他们包括路德维希·凡·贝多芬、约瑟夫·海顿、约翰内斯·勃拉姆斯、马克斯·布鲁赫、彼得·伊里奇·柴可夫斯基、安东宁·德沃夏克与罗伯特·富克斯（Robert Fuchs）。

"Serenade"（德语）与"Nocturne"（法语）和"Notturno"（意大利语），都有"夜间音乐"的意思，这些概念无法从根本上加以区分。约翰·菲尔德（John Field）被认为是后一种概念的"发明者"，他创作的钢琴曲清幽而柔美，使伟大的弗雷德里克·肖邦产生灵感，创作了举世闻名的肖邦夜曲。早在 25 岁前后，菲尔德就创作了三首钢琴小夜曲，并影响了一系列后来的世界级音乐家，例如弗朗茨·李斯特、克劳德·德彪西与谢尔盖·瓦西里耶维奇·拉赫玛尼诺夫。

路德维希·凡·贝多芬创作了《月光奏鸣曲》，这是第

14 钢琴奏鸣曲，作品 27 号之二，熟悉该钢琴曲的远不止音乐爱好者。从第一乐章开始，乐曲就以一种特殊的方式表现出了夜晚的声音。“月光奏鸣曲”这个家喻户晓的名字并非出自贝多芬本人，他仅将其命名为“幻想曲式奏鸣曲”。“月光奏鸣曲”这个恰如其分的名字很可能要归功于音乐评论家路德维希·莱尔斯塔勃（Ludwig Rellstab），他于 1823 年分析了这部音乐作品：

> 如果我忘记了将柔板变成升 C 小调，那就意味着我不重视五度音。大海在暮光中沉静下来，海浪沉闷地冲击着黑沉沉的岸边。布满林木的群山拔地而起，将这片神圣的区域与外界隔绝开来。成群的天鹅以极低的声音划过夜空。废墟那边，一只竖琴神秘地发出渴望爱情的声音，幽怨而孤寂。[161]

画笔下的瞬间与永恒

无论是古典音乐，还是当代的摇滚乐与流行音乐，夜晚的光芒千百年来都为艺术家们带来灵感，帮助他们创作了杰出的作品。在绘画方面，同样有许多例子。下文将对相关画作加以介绍，虽然只能起管中窥豹的作用，但也许能够帮助人们再次注意到这些杰出、丰富、辉煌的艺术遗产。

为了恰当地表现黑暗，绘画艺术自然有赖于对光源熟练且具实验性的运用："夜晚为人类呈现大自然神秘的一面。它增强了表现效果，使恐惧生动而形象——夜晚允许（绘画）艺术家进行光影游戏与创作。"[162]需要补充的是，许多绘画作品也使人产生恐惧感。

彼得·保罗·鲁本斯创作的《夜景》——类似他的油画《拿着炭盆的老妇人》——展现了一位老妇与孩子相伴的宁静而亲密的时刻。一支低低的蜡烛照亮了老妇与孩子的面庞，老妇用一只手保护着蜡烛的火苗。油画中隐藏了一定的寓意，即老妇使生命之火长燃不熄，并将其交给年轻一代。在夜晚安详的气氛中，象征年轻一代的孩子正准备点燃新的生命之烛光。

阿尔布雷希特·阿尔特多费（Albrecht Altdorfer）大约早于鲁本斯100年出生，是阿尔布雷希特·丢勒的学生，专攻风景画，主题首选历史与宗教。在他的油画《神圣的夜晚》中，耶稣诞生带来的光芒照亮了一切，黑暗失去了所有威慑力。

与此相反，希罗尼穆斯·博斯——与阿尔特多费同时代的尼德兰人——在画作中呈现了完全不同的、令人困惑的画面。在作品《最后的审判》中，博斯设计了地狱般的审判场景，用天才的绘画技法展现了世界末日般的画面。借助于恐怖的景象，他发出批判社会的道德诉求，抨击所处时代的种种弊端，例如自高自大、贪婪、肉欲与暴饮暴食。在作品《地狱河畔的休憩》中，也表现了一种骇人的黑暗，那里火光熊熊，居住着赤裸的人类与精灵。博斯还创作了《升天》，其中描绘的夜晚的黑暗，类似于——正如我们今天所言——一种濒死的体验，这几乎已具备了现代气息。

米开朗基罗·梅里西·达·卡拉瓦乔——人们以其出生地之名简称其为“卡拉瓦乔”——是率先使用特殊方式引导光线从而以独特的美学手法呈现黑暗的艺术家之一。他“发明”了 *chiaroscuro* 这一技法——德语意为“明暗对照法”——因此与安尼巴莱·卡拉奇（Annibale Caracci）并称为早期罗马—巴洛克绘画的奠基人。对于卡拉瓦乔而言，想象中的光源是否符合实际并不重要，重要的只是画作的效果。在这种明暗对比中，所有的一切都活灵活现，几乎具有了生命。想想他的《弹琴者》《圣马太感召》和《以马忤斯的晚餐》。在最后一幅作品中，通过信徒们惊愕的表情，卡拉瓦乔捕捉了复活的耶稣被认出的瞬间。画作中，与夜晚相对应的黑暗环绕在人物四周，使得观赏者与画作进行秘密的、个人层面的交流成为可能。

乔治·德·拉图尔（Georges de la Tour）来自法国，是一位直至 20 世纪才被真正发现的巴洛克画家。拉图尔画笔下的夜晚烛光重重，作品经常取材于圣经故事，例如《天使出现在圣约瑟夫的梦里》。这样的夜晚给人寂静的感觉，使人沉浸于深夜，并感受到时间的稍纵即逝。在画作《油灯前的抹大拉》（或被称为《忏悔的抹大拉 2》）中，这一点体现得尤为明显。画作中的年轻女性超越了时间，面孔具有现代感，怀里抱着一块头骨，严肃而沉静地凝视着眼前桌上的烛光——这是深夜冥想的一刻，在这一刻，压抑的欲望与内心的沉思交织在一起。

当然，17 世纪也是伦勃朗·范·赖恩的时代。他以天才般地运用明暗对比手法而闻名于世。在他的画作中，正是以夜色为背景，突出了人物，使他们似乎从内而外散发着光芒，例如《夜巡》和《牧羊人的朝拜》。仅凭夜间气氛所汇集的力量，伦勃朗就有可能创造出如《亚伯拉罕的牺牲》那样戏剧化的、极为动人的时刻，或者创造出如《带耳环的女子》那样个人的、秘密的瞬间，使我们有身临其境之感。

荷兰画派中所谓的“月光画”在当时也极受欢迎，代表画家是阿尔特·范·德·内尔（Aert van der Neer），他以描绘月光下的静夜景物而闻名，代表作有《月光下的河景》。

瑞士画家卡斯帕·沃尔夫（Caspar Wolf）也可归入风景

画家一类，他生活的时代处于启蒙运动与浪漫主义之间，同时也受到狂飙突进运动的影响。他擅长的题材恰好与自己故乡的景物一致：高山、冰川、峡谷、瀑布。在画作《格林德瓦下部冰川的雷电》中，戏剧般降临的夜色席卷了一切。

约翰·海因希里·菲斯利（Johann Heinrich Füssli）——卡斯帕·沃尔夫的同乡——在英国被称为“狂野的瑞士人”。菲斯利在18世纪末创作的《梦魇》，是关乎欲望与痛苦的“黑色浪漫主义”的象征。

如果说有这样一位德国画家，他以特殊的方式被公认为浪漫主义画家，那么此人非卡斯帕·大卫·弗里德里希（Caspar David Friedrich）莫属。他创作了一系列具有独特现实美感、以浪漫夜晚为主题的画作。这些作品给人一种寂静、疏离与忧郁的感觉，没有刻意确定某种意义，却使每一位欣赏者陷入沉思。值得一提的画作包括《两名赏月的男子》《海上升明月》《落日下的女子》，当然还包括格赖夫斯瓦尔德风景画，如《格赖夫斯瓦尔德夜景》和《月色中的格赖夫斯瓦尔德》。

挪威人约翰·克里斯蒂安·克劳森·达尔（Johann Christian Clausen Dahl）与弗里德里希一样定居在德累斯顿，他们甚至住在易北河畔的同一栋房屋。这位挪威画家的作品展示了对自然的近距离观察——乌云涌动，几缕月光破云而出，照射在泛着涟漪的河面。他的所有作品表明，他绝非仅仅将目光“投向满月时分的德累斯顿”。

同时与弗里德里希和歌德齐名的是医生兼画家卡尔·古斯塔夫·卡鲁斯（Carl Gustav Carus）。他的作品结合了浪漫主义的自然体验与古典主义的美感。在画作《城门摇摇欲坠的冬景》《高山中的三巨石》与《吕根岛的月夜》中，光线暗淡，但偶有月光散射，画作《返乡的僧侣回到修道院》则描绘了纯粹的夜晚。除了以上主题，卡鲁斯还从各种角度描绘了德累斯顿。他的《新月下的德累斯顿一瞥》聚焦于乌云密布下的圣母教堂，背景中的乌云透不出半丝月牙的光芒。

与弗里德里希同年出生的格奥尔格·约翰·普里马韦西（Georg Johann Primavesi），是一位德国戏剧画家兼风景画家，他的绘画主题经常为一天中的阴暗一面，如“傍晚”与“深夜”。在诸如《夜色河景》的画作中，普里马韦西表现了夜色的魅力与特质——月光照着平静的水面，河水四周是夜晚神秘的树林。

与此相反，比利时画家兼铜版画家彼得勒斯·范·申德尔（Petrus van Schendel）创作的许多作品，描绘了繁华集市广场的夜色。他的作品一再表现了烛光照耀下温馨的货摊，上面摆满了蔬菜、水果和各种鱼类，画上除了成群的顾客，还有美丽的女摊主们，她们正在摆放各种货物。诸如此类设置在黑暗中的场景丰富了画家关于夜色的画作，值得一提的还有画作中那些阴沉月色下的景物。

就此而言，必须还得提理查德·奥古斯特·齐默尔曼（Richard August Zimmermann）创作的《冬季夜景》。画中，云朵流淌，月亮——夜晚的守护者——撕开云层，在这短暂的瞬间显露出自己的面容……

轰动一时的画法革新

1860 年前后，欧洲的印象主义流派发端于法国。与当时主流画室的画法不同，印象主义采用了一种新的绘画方法，讲求色彩与布局。对于艺术家而言，需要重现他们实际经历过的某种氛围，并习惯通过形状与色彩表达这种氛围，虽然他们对此仍不熟悉。这种新的绘画方法使马赛克般地排列色点成为可能，而这样只有在较远处才能欣赏到画作的整体效果。这一方法同样适用于表现夜晚效果。

这种绘画方法依靠色彩堆积，至于它如何给欣赏者带来一反常规的感受，可见卡米耶·毕沙罗（Camille Pissarros）的《夜色中的蒙马特大道》。行人、成排的房屋、商店的橱窗和街灯：在深蓝的夜空下，整条宽阔的街道轮廓模糊，光线效果并不集中，无法识别每一个局布，但是各个部分的色彩叠加起来，组合成了一个有吸引力的整体：

> 在卡米耶·毕沙罗的画作《夜色中的蒙马特大道》中，已经表现出后期艺术家们应该重视的许多方面：暗淡的微光、大城市在夜晚表现出的无尽空虚，同时也有大城市的孤寂与柔弱的美。夜晚展示了城市的另一种面容——五彩斑斓的灯光虽是明亮的粉饰，却也难掩夜间城市的疲惫与悲伤。如果从空中俯瞰，毕沙罗的画作还表现了这一点：并不纯净的、自身杂乱无章的灯光却组成一个纯净的、温柔的光体，仿佛一个祝福，笼罩在夜间躁动不安的城市上空。[163]

荷兰人文森特·梵高被誉为现代绘画的奠基人。他至今仍被认为是印象主义画家，但同时因善用独特的造型与富有表现力的色彩，他的作品也预示了表现主义的到来。在梵高的画作中，画家的个人感受毫无争议地成为焦点，呈现为特征鲜明的形状，淡化了画家曾视之为本质的主题。

关于夜晚，伟大的梵高有过以下表述，反映了他对于感官感觉的追求，以及对无限和满足感的渴望。梵高对画家埃米尔·伯纳德（Émile Bernard）说道："我总忍不住想到星空，什么时候我才能把它带到画布上呢？”在给妹妹的信中，梵高写道：“我总是有一种感觉，夜晚比白天还要绚丽多彩。”[164]

梵高开始用画笔描绘夜空了——而且就同一主题反复进行创作。面对这项自我设定的任务，他似乎如痴如醉。需要强调的是梵高于1889年创作的《星空》，整幅画作的天空以蓝色为基调，夜空中明亮的云带、星涡与娥眉弯月散发着光芒，笼罩着一个似乎受到佑护的地方。画作《夜间露天咖啡座》展现了一幅令人印象深刻的画面：夜空下，人们的日常生活沐浴在明亮的灯光中，象征着一切结束时的永恒。

对于梵高而言，“夜晚的颜色”至关重要，它支配着画家著名的油画《罗纳河上的星夜》。在这幅油画中，撒满星斗的夜空神奇地表现为蓝色调，阿尔勒橘黄的路灯映在河面，独特而有吸引力。这幅作品同样追求自然与人的联系——在浓郁的夜间气氛中，一对沿着河畔散步的情侣虽然不引人注目，却与画作的主题息息相关。

埃米尔·诺尔德（Emil Nolde）被视为表现主义画派的领军人物，同时也是20世纪的重要画家。他的作品色彩强烈、形式多样，为夜的黑色打上了自己独特的烙印。例如，在作品《沼泽磨坊》中，随沉的云海由蓝紫色到橙色依次延展。此外，他的《月夜》与《星空》同样著名。在《不平静的大海》中，天空阴云密布，其下的海洋波涛汹涌，与画家使用的明亮色调形成了鲜明对比，这是画家对该主题（也是他最喜爱的主题）的一个变形。诺尔德还创作了色彩艳丽的《神圣夜》，画中人物包括耶稣、玛利亚与约瑟夫，该画作极具特色而又十分感人。约瑟夫在旁注视，充满人性光辉的圣母喜悦而自豪地将新生儿高高举起。画作的背景是蓝色的夜空，笼罩着未来的弥赛亚与正在赶来的三圣人。夜空象征着宇宙的永恒，与圣婴的诞生息息相关，圣婴最终将成长为救世主。

夜晚不仅可以作为绘画的主题，还会留下间接的痕迹，例如在人的梦中，也会留下具体而直接的痕迹，在作品中通常仅为艺术家自己可见。巴勃罗·毕加索赞美了夜晚难以模仿的光芒和那无所不包的阴影，提及自己相关的静物画时，他说："它们通常是我在夜里创作的。"[165]

◎ 夜女神

19 世纪，挪威画家彼得·尼古拉·阿尔博（Peter Nicolai Arbo）创作了夜晚拟人化的形象，寓言化地重塑了夜晚"抽象的自然现象"的面貌。这幅画作展现了一身黑衣驰骋在夜晚的诺特——希腊神话中夜女神尼克斯的对应形象——坐骑是赫利姆法克西。1883 年，威廉·阿道夫·布格罗

（William Adolphe Bouguereau）创作了油画《黑夜》，画中的尼克斯未着寸缕，仅由一袭黑纱笼罩全身，出现在升腾而起的黑暗背景之前。更早之前，大约在公元前2000年，一座叙利亚宫殿中的湿绘壁画将夜晚描绘为雌雄同体的形象，黑暗的星空是她的神秘面具。

古代神秘世界的图像被基督教吸收，并在圣母玛利亚头戴十二星冠的形象中得以延续，是有原因的。在《约翰启示录》中，玛利亚是末世的一位神秘女子。她出现在天空中，被太阳、月亮与星辰所围绕，正在经历分娩的痛苦。之后圣母玛利亚的形象都是这一形象的变种。12世纪出现印刷术之后，该末世女子与基督教圣母之间的联系有了第一个图片方面的证据：在赫拉德·冯·兰德斯伯格（Herrad von Landsbergs）的泥金手抄本百科全书《乐园》中，有一个充满威严的女性形象，她生着巨大的翅膀，站在一轮弯月的中央。基督教的这一圣母形象越来越深入人心——因其脚下踩着月亮，所以又被称为“新月圣母”——并为后世数百年间出现的此类形象做了铺垫。

在为莫扎特的《魔笛》所做的一个举世闻名的舞台设计中，有一个起支配作用的舞台形象，那就是上文中那道弯弯的月亮：夜女神古老而神秘的宗教形象，与基督教教义中所描绘的头戴星冠之天神的形象交织在一起，为卡尔·弗里德里希·申克尔（Karl Friedrich Schinkel）带来灵感，使其设计出了一个在音乐、戏剧与舞台设计方面都杰出的艺术作品。“夜女神宫殿中的星星大厅”，一个永恒存在的、拥有童话气息与浪漫色彩的穹顶，被发光的云团环绕。这个巨大的穹顶，为“夜女神”扣人心弦的降临提供了理想的舞台。

从莫扎特的《小夜曲》与《魔笛》写到这里，一个圆环已悄然闭合——音乐艺术与绘画艺术在歌剧表演中合而为一。

还有许许多多其他的艺术形式，包括当代绘画和图像模仿，以及诸如浮雕和雕塑等艺术，都致力于描绘夜晚神秘、黑暗、原始、母性的一面，通过艺术手段创造性地使夜晚形象化。可是，与过去的数百年相比，用绘画方式反映一天中的“阴暗面”如今已明显退出了主流。尽管傍晚或夜晚的氛围经常给艺术家们带来灵感，却难挡这种趋势。一个例子就是女画家安妮特·施穆克尔（Annette Schmucker），她创作了许多关于城市和天空的作品，例如《到达》和《力量与寂静》。

《告别夜晚》是当代女画家彼特拉·克洛斯（Petra Klos）的画作。希望这个名字不会成为一种不好的征兆。时至今日，夜晚在视觉艺术方面——谢天谢地——仍未失去它在象征方面的魅力。

渲染黑暗

——电影与流行艺术中的黑夜场景

玩味光影：从技术的角度塑造夜晚

从静止的油画到如今位居第一的娱乐方式“电影”——串起大量单个图像，并使其快速依次显现，这种转变耗费了好长一段时间，对夜晚的呈现也如此。

夜晚有月亮与星辰相伴，每天如此自然地为人类带来黑暗的魔力。在没有感光相机的条件下，如何表现这种魔力，电影制片人为此走过很长的弯路。如何刻画夜晚，如何真实地捕捉夜晚独特的光影，以及它那难以捉摸的青灰色背景呢？

不同的电影从不同角度，利用不同的设计构思来表现夜晚。早在电影于20世纪初诞生之际，就存在讲述夜晚故事的巨大需求。最初，人们在摄影棚里拍摄犯罪片与恐怖片，深受观众的喜爱。关于骗子与吸血鬼的夜晚故事吸引着观众，使他们纷纷涌入电影院。当时家喻户晓的角色——吸血鬼德古拉、科学怪人弗兰肯斯坦和神探夏洛克·福尔摩斯——时至今日仍然穿行于大城市的夜晚，活跃于电影、漫画与青少年阅读的小说中，依然受到人们的喜爱。此外，在好莱坞的电影叙事结构中，夜晚始终象征着银幕英雄们在内心深处进行的一种冒险。

物体被光照耀之后会反射光。每部相机都有一个透镜系统，它收集透进来的光，并将其投射至相机内部。电影胶片具有类似的原理：光线投射至感光的影像记录材料上，该材料覆有银色涂层，从而产生某种化学反应，该反应稍后会在暗室得到推进。对于数码相机而言，光线投射于高度敏感的传感芯片，从而产生光电转换，该转换过程被测量并被存入数据存储器。无论是胶片相机还是数码相机，每张相片的产生都是熟练使用明暗光的结果。

◎ 黑暗更容易使人进入梦境

电影院是一个适合做梦的地方。许多人如果在家里看电影，会把房间的光线调暗，以便享受美妙的电影时间。威廉·霍华德·盖恩（William Howard Guynn）将虚构的电影情节视为一场梦境，在这样的梦境中，连续的电影画面“扣人心弦地、催眠般地”影响着观众。[166]克里斯蒂安·梅茨（Christian Metz）将电影视为对现实的逃离，“一开始就无法触及，它位于一个原初的别处，使人无尽地渴望，却永远无法拥有”。[167]电影院创造了一个空间，使人们做梦般地沉湎于自己的渴望。伊丽莎白·布朗芬（Elisabeth Bronfen）将电影称为“非常独特的夜晚的媒介”，将传统的电影放映视为一个独特的时刻，影片在这一刻“出现在我们眼前：在一个光线被遮蔽的空间，白色的光投射在一块白色的幕布上，创造出一种昏暗中的光影游戏”。[168]

有趣的是，虽然电影是“夜晚的媒介”，但在并不算久远的以前，人们还无法完全通过电影表现黑夜。20 世纪 80 年代，人们很难完全真实地拍摄夜景。月光无法在摄像机的感光材料上制造出足够的效果。使用探照灯照明成本颇高，如果在有限的范围内对物体加以照明，则又不符合人类的视觉要求。电影制作者们不得不想尽各种办法，走了很多的弯路，仅仅为了初步呈现夜晚独特的、清冷而神秘的氛围。

后来，有着奇思妙想的电影制作者们发明了“美国之夜”法［Amerikanische Nacht，也被称为“日调夜”法（Day-for-Night-Verfahren）］，利用这种方法，白天拍摄的场景会给观影者带来夜晚的感觉。按照这种方法，单个的布景逐个通过聚光灯施以强光，同时将摄像机的光圈对比度降低几个数值，光照较弱的部分就会给人带来黑夜的感觉。聚光灯与顶部射灯能制造出对比明显的夜晚效果，而透镜的过滤作用能突出蓝色光（月光效应）。该名称源自 20 世纪 50—60 年代流行于好莱坞的摄影方法。如果没有明亮酒馆里的戏剧化对决，没有篝火旁的袭击战，那又怎么称得上是美国西部片呢？

与户外相比，人们更容易在室内制造夜晚的效果，例如通过被调暗的、发出温暖光线的顶灯，而清冷的蓝光透过半高的百叶窗，能给人带来月圆之夜的感觉。斯坦利·库布里克的《乱世儿女》中有一个仅仅使用了烛光的沙龙场景，它是电影史上的一座里程碑。该场景拍摄过程中使用了蔡司公司一种透光性极强的镜头，该镜头本来是为阿波罗登月而制。

◎ 精确使用“美国之夜”法的《日以作夜》

1973 年，弗朗索瓦·特吕弗表达了对“美国之夜”法的热爱：他的《日以作夜》属于电影中的电影，讲述了一个剧组激动人心而又浪漫的拍摄工作。除了主人公们戏剧般的个人生活——不再年轻的女主人公即将暴露自己酒精成瘾的问题；年轻的男演员爱上了场记姑娘，而后者和特技演员正打得火热，这部电影还深刻地表现了艺术家们为造出夜晚之感，所付出的努力与承担的风险。没有什么和自己的表象真正一致，这是电影传达出来的信息。为此，导演弗朗索瓦·特吕弗聪明地使用了“美国之夜”的表现手法，作为这一信息的隐喻。

摄影师与导演们总是积极面对挑战。在老式默片中，歪歪扭扭的舞台布景，草草画就的光影效果，这些都使得20世纪德国的表现主义充满了艺术感与超现实感。黑色电影也非常著名：明暗对比效应制造了大起大落的光影变换，光线不断滑过轮廓模糊的侦探与恶棍。可是，直到20世纪80年代，如果谁想在纪录片或电视报道中展示夜间的真实影像，还必须忍受在半明半暗中拍摄的糟糕画面。

慕尼黑电视电影大学电视电影制作专业的教授彼得·C.斯兰斯基（Peter C. Slansky）[169] 认为，如果想表现黑夜，从技术角度而言，摄像要难于摄影，因为曝光时间明显更长。直至20世纪80年代，电影界才有了技术突破：蔡司公司生产了更大光圈口径的镜头，柯达与富士竞相生产具有更高光感度的胶片材料。而只有具有这些技术突破，才有可能在不需要或仅仅需要少量额外照明的情况下拍摄街道夜景。

在电视领域，对黑夜的表现在技术上有所不同，斯兰斯基称：20世纪80年代中期，广播电视机构全面升级，开始使用摄像机进行电视报道。最初，摄像机还使用显像管，很快就替换为具有更高感光度的电子传感器。摄像机具有“增益”功能，可以利用电子技术将感光度最高调为原来的八倍，使得夜间拍摄工作更加方便易行，不过这取决于增益幅度的大小，并且以画面的闪烁为代价。例如，斯兰斯基在此提到了 1989 年星期一游行的录制片，在该录制片中，由增益功能引起的杂音清晰可辨。

技术在持续进步。佳能与阿莱等公司始终致力于摄像机的研发工作，发明了具备更高感光度与透光度的镜头。最新一代的摄像机拥有越来越高的感光度，甚至可以实时记录星空。斯兰斯基称，逐步提高感光度对天文学家而言很有吸引力。另一方面，“认真说来，随着感光度的逐步提高”，夜晚“渐渐失去了它的神秘感”。

与以往相比，夜晚从技术的角度上变得更加触手可及。尽管如此，每当我们仰望头顶的夜空，夜晚的魅力与独特的氛围仍是那么难以琢磨。

“给我讲讲黑夜吧”

虽然技术条件已经使人可以更清晰地呈现黑夜，可是如何在电影中讲述关于黑夜的故事呢？神话学家约瑟夫·坎贝尔（Joseph Campbell）在《千面英雄》[170]一书中，尝试在宗教传说中寻找人类普遍的叙述方式。尽管叙述方式因地区不同而存在差异，却都讲述着同一个故事：一个英雄的旅途——主人公在旅途中成长，一定需要通过具有冒险色彩的考验来证明自己，从而由孩童成长为男人或女人。在这个关于英雄成长的故事中，最初，尚未完全成长的未来的英雄内心矛盾、失衡。坎贝尔受到瑞士精神病学家卡尔·荣格的启发，认为所有人都需要内心的平衡，都需要个体化，也就是说，需要完全养成独立自主的人格。

坎贝尔将人们追求的这种内心平衡与昼夜更替联系起来。在世界各地的神话中，昼夜更替都指太阳（雄性的、狂野的、中国哲学中的“阳”）与月亮（雌性的、有序的、中国哲学中的“阴”）之间永恒的平衡。对于远古神话与童话中的英雄而言，内心的不平衡促使他离开自己的世界。英雄踏上征程，为的是找到一位女子，将她从龙爪下解救出来，或带她离开死神的领地——地下世界。英雄之所以这么做，目的在于实现“两性之间的和谐”，因为它通向人生的完美与永恒。太阳（象征男性）与月亮（象征女性）之间的定律存在于每一个追求内心平衡的人的心中。[171]

为了实现这一目标，英雄必须离开“白昼的世界”——

故乡，他在那里度过了被呵护的童年。通常是一位导师打发英雄踏上征程，在他的引导下，英雄走出故乡，进入黑夜的世界：这是一个完全不同、令人热血沸腾的世界，英雄要在这里证明自己，找到新的盟友并击败危险的敌人。敌人包括哈德斯，以及阴暗的地下世界，英雄会在这里遇到黑暗的人物形象。或者，英雄会进入一个多姿多彩而又令人堕落的仙境。在仙境，英雄将为了贫穷的家乡进行一场重要的盗取行动。在坎贝尔看来，夜晚虽然陌生，却有吸引力，会保证英雄经历冒险并获得改变。

经历了最初的踟蹰之后，英雄终于有勇气进入黑夜的世界，他会在这里一再感到恐惧，面临各种挑战。踏上“鲸鱼之腹的旅程”[172]，英雄又一次完全陷入黑暗，他开始思念故乡，渴望安全感。可正是在那里，在那令人恐惧的黑夜世界，英雄才能获得重生，才能使生命得到改变。原因在于，只有在极度黑暗中，英雄才能发现自己真正的潜能。英雄启程了，“在令人激动的开端之后，接下来便是黑暗、恐怖、令人作呕、幻影般的可怕旅程”。[173]英雄击败了首次遇到的敌人，在穿越黑暗世界的过程中找到同伴。俄耳甫斯在地下世界寻找已逝的妻子。灵魂女神普赛克遭维纳斯嫉妒，不得不完成许多危及生命的任务，才重新赢回心上人丘比特。在黑暗世界，恐惧与为生存而进行的斗争能使英雄获得重要的认识，并最终带着这些认识重返“白昼的世界”。

有趣的是，在黑夜世界冒险的关键时刻，英雄经常会遇到一位女子，可能是一位需要英雄拯救的公主，也可能是一位英雄需要为之完成某些任务的女神。在夜的最深处，英雄便会遇到这位“世界之母”[174]，从而以此为最终任务。作为奖励，英雄会获得宝藏、知识或这位女性的爱，并与其结为连理。之后，英雄通常近乎不情愿般返回“白昼的世界”，在那里受人尊重，并获得一个重要职位——对于亲身经历过的黑暗世界，英雄内心不无向往。

曾负责迪士尼《狮子王》的美国编剧克里斯托弗·沃格勒（Christopher Vogler）深信，古代神话的叙事结构充满了教育意义，这种将人的成长阶段童话般地描写为神奇而有魅力的夜晚之旅的叙事结构，也可以应用于现代文学与电影。他认为，人类一如既往地向往夜晚的世界。

20 世纪 70 年代，沃格勒是 20 世纪福克斯公司素材研发部的员工，为创作新的剧本寻找灵感。当时，他接触到了坎贝尔的论点。没过多久，一个小本子就风行于好莱坞的电影工作室。在这个小本子里，沃格勒总结了坎贝尔的英雄故事，并将其作为电影的叙事样板。

在风靡全球的电影巨制《星球大战》中，乔治·卢卡斯（George Lucas）明显采用了上文提到的叙事结构：一位初出茅庐的英雄从白昼进入到一个陌生而危机四伏的夜间世界，并在这里真正成长起来。沃格勒还为坎贝尔的结构补充了每部电影的情节都必须包含的经典原型：一位类似于传令官的人讲述夜间世界充满魅力的故事，激起人们对于冒险的兴趣，一位导师般的人物陪同英雄进入新环境并进行最初的冒险，还有一位阻止英雄进入黑夜世界的边界守卫者。

因此，英雄之旅讲述的并非是一个完美英雄的冒险故事，而是一个黑暗世界的"英雄成长"故事，观众会随着影片情节的推进共同经历这些——磕磕绊绊地由"白昼的世界"进入黑暗世界，中间历经几道险关，最后面对一个终极敌人。"灵魂的黑暗之夜"（*dunkle Nacht der Seele*）说的便是最令英雄产生怀疑的时刻。在击败终极敌人之前，英雄必须战胜自己灵魂深处的黑暗。

在好莱坞，沃格勒的小册子受到极大欢迎，于是这位编剧在 1998 年出版了一本详细的指南，后者后来成为编剧界的畅销作品。《作家之旅》[*The Writers' Journey*，德语译为 *Die Odyssee des Drehbuchschreibers*）（《编剧家的奥德赛》）][175] 影响了美国的大片市场，而美国大片风靡全球，根本原因也许就在于采用了全世界都理解的神话叙事结构。受该结构的影响，观众希望看到英雄在尽可能陌生的环境里的至暗时刻。观众更希望看到英雄在黑夜发出质疑，希望与英雄共同经历苦难，为的是最终变得更加强大，能够从冒险中安然归来。观众们只有亲眼目睹了黑暗所带来的恐惧被战胜，主角才能最终成为英雄。

据沃格勒所说，正如书名“作家之旅”所暗示的，作家创造了作品中的主人公，为主人公安排了黑夜世界的冒险，由此作家本人也经历着英雄般的旅程。任何一个作家、画家或音乐家都创造性地实践，并进入一个夜晚的世界，在那里直面自己的恐惧、渴望与秘密。唯其如此，才能创造出一个动人的故事。这不仅关乎有创造性的职业，在由友谊、合作关系和家庭关系构成的“平凡”的日常生活中，每个人也都一再进入黑暗的未知，踏上英雄的旅程。从这个角度而言，既给人带来恐惧也带来希望的夜晚，实际上无时无刻不在。我们人类需要夜晚，渴望经历夜晚。远古时代的童话与神话所反映的，今天也许可以由电影提供给我们。

新的“黑夜形式”：哥特式恐怖、表现主义与黑色电影

惊险故事诞生于18世纪中期，盛行于19世纪，以其特有的暗夜特征创造了新的神话与人物形象，成为欧洲文化圈的共同财富。在例如万圣节或狂欢节等大型节日的妆扮游戏

中，我们沉浸于扮演这些角色。今天，每个孩子都熟知吸血鬼德古拉，脍炙人口的小说与戏剧作品讲述着诸如弗兰肯斯坦和海德先生之类的怪人，或是揭露王尔德就是《道林·格雷的肖像》的主人公，而道尔创作的“福尔摩斯”很危险，他犯下的种种恶行需要得到解释。

哥特式小说——恐怖小说——的作者，与浪漫主义诗人类似，从古老的传说与神话中提取创作素材。很长时间内，他们创作的小说都被视为垃圾文学。所谓的低俗怪谈小说，其内容令人乍舌且刺激，价格低廉，在维多利亚时代的英国颇受欢迎。我们今天的侦探片与恐怖片，以及 20 世纪 70 年代以来的后朋克与黑浪潮运动，就是以它们为基础。哥特是一种音乐流派、一种时尚，是的，或者说是一种情境。在这种情境中，黑夜、死亡与过往，作为具有生命意义的主题，在一道漆黑的深渊内上演着。

◎“黑夜”是青年文化中的一个热门

自 20 世纪 80 年代以来，从当时的黑浪潮音乐［如快乐小分队（Joy Division）、治疗乐队（The Cure）］中，发展出一种自称为黑色场景、“地下生物”或“哥特”的青年文化。在如今的俱乐部与音乐节上，从摇滚乐迷老炮儿到青少年粉丝，无论年龄大小，都认为黑暗音乐具有吸引力，这种音乐使黑暗具有了浪漫色彩，歌唱死亡与忧郁。

这种音乐场景中，人们都偏爱黑色服装，将皮肤画得惨白，脸部则涂黑。个性化的妆扮被视为格调高尚。这样做有两个目的：首先，“普通的”社会生活让人感到喧闹而浮躁，这样的妆容使人在视觉上与社会疏离；其次，人们在另外一个群体中创造了一个自由空间，可以直面生命中神秘、死亡与忧郁的一面。这样的妆扮也部分再现了维多利亚时代的风格特点与恐怖元素。

德国有大约10万名哥特音乐爱好者，他们大多都有固定工作。最好是在夜晚，然后在酒吧或迪斯科舞厅，人们回到关于过去时代的幻想世界，畅谈着音乐与文学。此时，死亡与魔鬼不再是心中的禁忌，对浪漫主义、神秘主义与撒旦主义的热衷，意味着人们有意识地疏离现代生活。[176]

地铁萨丽乐队（Subway to Sally）是一支民谣金属乐队，其叙事谣曲《冰花》是典型的德国黑色音乐：

……清晨将冰霜化为露水

白昼使得一切明亮而粗糙

我们将自己装进悲伤情绪

白昼逝去，时间属于我们

谁想光芒闪耀，光芒就会离谁远去
黑夜将看穿他的表象
自我们面颊上滑落的洁白雪花
使得我们如同天使般美丽
你应该跪到地上
祈求月亮永远被阴云遮蔽

我们就像那冰花
在黑夜中盛开
我们就像那冰花
对白昼而言太过精美[177]

“哥特”一词最初只表示一种建筑风格。在美第奇家族的画师兼建筑师乔治·瓦萨里（Giorgio Vasari）眼中，中世纪的教堂建筑样式野蛮而不具有文明色彩，根本不符合文艺复兴时期的古典主义理念，所以他借日尔曼的哥特族之名贬称其为“哥特式”。后来，这一概念进入到日常语言领域。当时，野蛮人的可怕故事吸引着18世纪与19世纪的作家们，他们将自己廉价读本中的故事场景设置于哥特式的城堡、修道院与深宅大院，夜间，恶魔在那里肆意妄为。关于敬虔信徒受到精灵和魔鬼诱惑与伤害的作品，马修·格雷戈里·路易斯（Matthew Gregory Lewis）的小说《僧侣》、约翰·波利多里（John Polidori）的《吸血鬼》，属于最早的一批。此类著作很快就在英国风靡一时。

充满了狂野诱惑的夜晚，成为当时英国社会私下讨论的热门话题。工业化的快速发展，王室的日益没落与新型大城市、人口密集区犯罪率的上升——开膛手杰克问候你——这些使人心生恐惧，心头惴惴不安，同时也增强了黑夜童话的吸引力。德国浪漫派作家，例如前文提到的霍夫曼（《魔鬼的迷魂汤》和《科贝柳斯》）也将夜晚视为邪恶的温床。

在“哥特”文学最成功的作品中，恶魔们不再栖身于偏僻的城堡与宫殿。德古拉——古老的邪恶形象——即便在伦敦的街头也肆无忌惮。亚伯拉罕·布拉姆·斯托克（Abraham Bram Stoker）于1897年创作了同名小说。小说中，一艘空无一人的幽灵船——所有船员都在旅途中死于某种罕见的败血症——驶入伦敦的港口，德古拉伯爵也在船上。这位吸血鬼伯爵特别喜欢猎取行为端庄的少女，将其作为夜晚的祭品而加以诱惑。德古拉诱使少女们梦到自己，诱惑她们为自己打开门。德古拉撕咬这些少女，使她们也成为狂野而危险的引诱者，更确切地说，他诱捕的是英国贵族。

在罗伯特·路易斯·史蒂文森（Robert Louis Stevensons）的中篇小说《化身博士》中，杰克尔博士是一位完美的英国绅士与科学家，他服用了自己酿造的药剂，创造了另一个自己：海德先生。海德先生会在夜晚变得狂野而残暴，杰克尔博士试着在白天掩盖这一切。在这类作品中，夜晚明显隐藏了人类的欲望与渴求，它们在井然有序的白天没有容身之地。夜晚象征着人类古老的欲望，开化而有序的人类社会白天只能驱除这些欲望。

玛丽·雪莱（Mary Shelley）的长篇小说《弗兰肯斯坦——现代普罗米修斯的故事》，1818 年便已出版。该作品在书名上便已靠近希腊的创世纪神话，希腊神话中，普罗米修斯创造了人类，并将火种赠送给人类以照亮黑暗。对于雪莱而言，火是力量与光明的象征，好比今天的电力。在这部长篇小说中，科学怪人试图扮演上帝，通过在尸体上进行电力实验，创造了一个怪物，而后者要向自己的创造者索要生命力。

电力会带来生命吗？在《弗兰肯斯坦》中，来自天空的一道闪电激起了怪物体内的生命火花。19 世纪初，电力被认为具有医疗功能。人们用人类尸体和动物尸体做电力实验，发现电力会使没有生命的肌肉发生抽搐，这看似证明了电力可以复活生命。心理疾病患者被施以电击疗法，经受了难以想象的痛苦。就此意义而言，人类自身就是穿行于夜晚的怪物，他的脚下遍布尸体。

当魔鬼学会奔跑

行走于夜间的恐怖人物、肆无忌惮的教授和他创造的生命，这些都给最初的默片打上了烙印。自 1910 年——默片此时还在起步阶段——首映以来，雪莱的《弗兰肯斯坦》被反复搬上银幕。1922 年，弗里德里希·穆尔瑙（Friedrich Murnau）未经授权即将小说《德古拉》改编成了电影《诺斯费拉图》，1925 年，又根据加斯东·勒鲁（Gaston Leroux）的长篇小说改编拍摄了《歌剧魅影》。早在有声电影出现之前，虽然没有任何言语，默片中夜间的光影游戏就给人们带来原始的恐惧，以其独特的魅力吸引观众涌入新式影院。

在 20 世纪 20 年代前半期，德国的表现主义电影具有特别的艺术意义。其中，弗里德里希·穆尔瑙的《诺斯费拉图》是最成功的电影之一，在这部电影中，光和影被加以独特的应用，在坏蛋进入电影画面之前，他伸出的手的影子便出现在受害人的身上。

对比鲜明的妆容、歪斜而怪诞的背景上的光影、默片演员们戏剧化的手势：这些都有助于创造独特的、噩梦般的氛围。无论是帝国解体后魏玛共和国的动荡时期，还是其他非常政治时期，哥特小说中的黑夜人物形象都一再受到观众的喜爱。

UFA 是德国最大的电影制作公司，位于波茨坦的巴伯尔斯贝格，那里也容纳了许多奥地利人。这家电影制作公司为诸如弗里茨·朗（Fritz Lang）与穆尔瑙这样的天才提供了机会，使他们能够表现人们在夜晚黑暗童话中的恐惧。

德国表现主义电影作品讲述的是现代恐怖故事。《狂野之蛇》拍摄于 1918 年，展现了一个在阴暗氛围中的噩梦；在《大都会》这部电影中，上层社会驱使贫穷的底层人民在地下深处为他们拼命劳作，电影悲观地预言了贪婪的上层社会的未来。电影剧作家汉斯·雅诺维茨（Hans Janowitz）与卡尔·迈尔（Carl Mayer）共同创作了《卡里加里博士的小屋》，影片以一所疯人院为背景，讲述了疯人院里一位病人的疯狂幻想，他会梦到夜晚引诱漂亮女孩的怪物。

德国表现主义电影的制作人影响了 20 世纪 30 年代美国的警匪片与恐怖片，特别是 20 世纪 40 年代的黑色电影。如今，人们翻拍了许多当时的电影，一些恐怖角色重新出现，它们是恐怖电影的源头，塑造了现代电影的叙事手段。1925 年，电影大师阿尔弗雷德·希区柯克还是一位年轻人，他参观了 UFA 电影公司，日后在拍摄扣人心弦的恐怖片时，有意识地运用UFA电影公司的光影手段。史蒂芬·金著有多部恐怖题材的作品，它们被多次搬上银幕，作品与影片中惯于使用古老的叙事结构。现代图像小说也沿用了这种风格。影片《笑面人》讲述了一个嘴唇有残疾的杀人犯，著名的蝙蝠侠系列从中得到灵感，创造了反派角色“小丑”这一形象。自蒂姆·伯顿的《蝙蝠侠归来》以来，现代的超级英雄电影开始表现城市夜晚中的黑暗人物形象，而“正义的”复仇者必须向他们讨回公道。

发展于20世纪40年代的黑色电影，从许多角度而言，都继承了德国表现主义电影，又反过来影响了全世界的恐怖电影、超级英雄电影与侦探电影。布朗芬将黑色电影称为“卓越的夜间类型电影”。[178]二战期间，许多德国电影制作人流亡到美国，也把发源于德国表现主义的黑色电影带向了海外。早期的大师级电影作品包括《枭巢喋血战》《第三人》《拥抱死亡》与《日落大道》。20世纪90年代以来，“新黑色电影”对黑色电影的重新发掘仍在继续（例如1997年拍摄的《洛城机密》）。

在黑色电影中，夜晚象征着犯罪。我们的目光会追随着电影中固执不羁的侦探、心理学家或郁郁寡欢的恋人，他们穿行于肮脏的夜间都市，那里住着肆无忌惮的商人、美丽的妇人与可疑的骗子。电影的主题包括谋杀、贪财与嫉妒。明亮的霓虹灯点亮了都市——却照不进阴暗的小巷，那里正有人在暗中做着走私勾当，那里的夜总会与偏僻的仓库里正发生着谋杀与诈骗。“尘世的存在主要呈现于夜晚，这是黑色电影的设定。因此，黑色电影将世界设计为迷宫般的地牢，没有任何逃脱的可能。”[179]

现在，人们用灯光将这种无路可逃展现在观众眼前。通过强烈明暗对比产生的光影效果，是基于前文提到过的卡拉瓦乔与伦勃朗的明暗对比绘画手法。在强大的、令人产生被吞噬感的背景下，一些局部通过明亮效果被突出出来，像是一位向侦探求助的女性忧心忡忡的脸庞。随着色调的渐变，身影又似乎逐渐消失，世界陷入黑暗。通过精准的局部照明，灯光设置可以制造强大的画面效果：个体被孤独地交给黑夜。罗伯特·奥托松（Robert Ottoson）将黑色电影的世界观称为“无比强大的黑暗”。[180]通过极度的上对位拍摄、下对位拍摄及倾斜拍摄，这种噩梦般的场景再次得到强化。

它的特征还在于采用低调照明法，即减少对所谓辅光的使用。在典型的好莱坞影片中，主光用于照射演员的面部，辅光对主光加以补充，目的是遮掩皱纹，刻画完美的人物形象。黑色电影的区别在于：人物轮廓对比明显、清晰而直接。黑色电影的主人公试图破解黑暗的阴谋，他们要的是最终解开谜底，而不是美化自己的形象。

在黑色电影中，主角无论是警察还是私人侦探，都是一个矛盾的角色。可即便主角的个人利益与行为不符合时下流行的道德观念，与腐败而堕落的世界相比，主角仍然是个“好人”。与此同时，主角不时在残酷的现实面前碰得头破血流。在作家阿兰·西尔弗（Alain Silver）与伊丽莎白·沃德（Elizabeth Ward）看来，黑色电影中的典型主角是不幸的。当电影中的主角发现了某些连资深侦探也感到震惊的罪行，他会对自己和世界产生怀疑。这样，主角行走于夜晚，也是一种心灵的比喻：“伤痛更多来自心灵，而非身体。人会堕入心灵的黑暗。”[181] 电影主人公进入夜色，契合了坎贝尔英雄之旅的说法。作为观众，我们希望看到电影主人公最终战胜黑暗。

调查案件的侦探们时而不得不面对自己过去的黑暗经历。在黑暗的夜色中，他们认识到自己曾犯下的错误，从而重新认识自我。此外，在黑色电影中，男女之间展开的剧情也很重要[182]——这又对应了坎贝尔的太阳—月亮平衡观。根据这种理论，主人公一定会在旅途中遇到一位女性对手。

就像这样：依照西尔弗和沃德的描述，男主人公会对一个狡诈、神秘的女性对手——所谓的蛇蝎美人——产生迷恋。[183] 往往就是这样的女性将男主角送上黑暗的旅途：一位委托侦探寻找自己失踪的丈夫的神秘寡妇，她对这桩没有把握的调查知之甚多，却语焉不详；或是一位混迹于夜间酒吧的女歌手，美丽却又难以接近，很快，一位单相思的爱慕者就会为了她而冒险。正如古老的夜女神尼克斯一般，这位蛇蝎美人与黑暗世界息息相关。对于正在调查情况的侦探而言，她就是一位嫌疑人，或许正是因为她的危险性，侦探才对她爱慕有加。

库克（Cook）将这类充满神秘感的美女形容为在黑暗中忙于张网的蜘蛛女。[184] 布朗芬认为，黑色电影中的黑暗场景是“阴柔力量的象征，它包含了所有美丽的与令人畏惧的东西，控制了所有赋予人生命和光明的道路，但也会使人悔过自新”。[185] 这样的角色由时代的绝色女子演绎，她们不仅引诱电影里的男主角，还吸引观众们步入黑暗的世界。

在 20 世纪 40—50 年代的经典黑色电影中，结局都是邪不压正，侦探掀开重重迷雾，阴险的女子被击败并受到了惩罚。如今的侦探片与恐怖片早已不再固守这种模式。进入黑夜，并不一定意味着拯救与澄清。在由黑色漫画改编的电影《罪恶之城》的结尾，由布鲁斯 · 威利斯（Bruce Willis）扮演的英雄哈提甘击败了自己一直追踪的变童者——一位强权者的儿子——却饮弹自尽。英雄看不到任何一种避开那位强权者的复仇的可能。(见《罪恶之城》故事三《黄杂种》。)无条件的爱使得曾身陷囹圄的马弗靠近一位烟花女子，但后者的死亡据信与其有关。影片中，在黑暗的街道上，马弗追逐着真正的杀人犯，并最终将其送上电椅。(见《罪恶之城》故事一《忍着泪说再见》。)在现代恐怖电影中，这种叙事早已成为惯例：使尽可能多的角色尽可能血腥地死去。电影中，没有人绝对安全！

虽然恐怖电影中的犯罪行为只吸引部分观众进入影院，但犯罪惊悚片以其暗黑的谋杀故事——我们时代恐怖故事的替代类型——成为几乎每个普通德国家庭的晚间电视节目。无论是青少年电影与小说，如斯蒂芬妮·梅尔的《暮光之城》、L.J. 史密斯的《吸血鬼日记》，还是儿童书籍，如安吉拉·索莫 – 波登伯格(Angela Sommer–Bodenburgs)的《小吸血鬼》，再生人与不死者、吸血鬼与狼人早已成为主流。

为什么年轻的女孩子——很容易就感到恐惧——还对吸血鬼感到狂热呢？为什么观众们涌入影院，为的是观看一再被翻拍的英雄片、恐怖片与神秘片，为什么他们痴迷于侦探片？原因在于这类电影对于人类心中的阴暗面有着难以阻挡的吸引，而这阴暗面的象征便是夜晚。我们想看到英雄进入“鲸鱼之腹”，我们想共同感受那被夜晚侦查所激起的内心深处的恐惧与紧张。作为梦想与梦魇之地，夜晚依然为我们准备了数不尽的故事。在对黑夜的迷恋方面，我们与那围坐在篝火旁相互讲述童话与神话的祖先实在别无二致。

III. 结论：

光照需要引导

“壮丽的星空愉悦人的灵魂”

——与勒恩暗夜保护区协调员扎比内·弗兰克的对话

扎比内·弗兰克（Sabine Frank）的大学专业是社会学与文化学。早在童年时期，她就对天文学很狂热。2007 年以来，她组织徒步观星，为同行的人讲解星空，并讲述科学故事与神话传说。很早的时候她就注意到，自然的夜晚越来越多地消失于人造灯光的海洋。她创建了一个保护夜晚的倡议组织，即勒恩暗夜保护区的前身。她与来自星空爱好者协会下属的暗夜协会的安德烈亚斯·汉奈尔博士并肩作战，致力于使勒恩暗夜保护区成为国际暗夜保护区。

弗兰克做了一些重要的前期工作。其中之一就是向参加项目的社区委员会宣讲，动员他们正确使用人造灯光。在 2015 年国际光年，国际暗夜协会授予她“暗夜保护奖”，以表彰她为使夜晚回归自然、人类接近星空所付出的努力。如今，扎比内·弗兰克在联合国教科文组织下位于勒恩生态保护区的暗夜保护区担任协调员。

施密特：多年以来，您在勒恩组织徒步观星，得到人们的大力认可。如今，星空似乎对人们有着特别的吸引力。

弗兰克：一直以来都是如此。星空一直打动着人类。每个曾身处夜晚、在夜晚行走的人，都会有这样的感受。仰望宇宙深处，人们会被它深深吸引。

施密特：来自大城市的人在家里几乎无法看到星空。他们对于星空的反应，与来自乡村的人有所不同吗？

弗兰克：有这种趋势。在参与徒步观星的人群中，大多数人来自城市。即便在乡村，人们也对星空产生了疏离感。尽管如此，还是城市人对星空有更多的渴望。

施密特：对星空的兴趣，与年龄、性别和受教育程度有关吗？

弗兰克：完全无关。对星空的兴趣存在于社会各个群体。人们心中自然藏着对宇宙的兴趣。在这方面，对学历并无要求。每次徒步观星后，如果有参与者给我反馈，表示此后会继续研究星空，我都会感到非常高兴。如今，观测星空的大门更加容易打开。我们有许多相关书籍，YouTube 上有许多视频，当然我们也有相关的 APP。如果能够给人们带来灵感，我会觉得非常好。

施密特：也许，也会使一些人的意识有所改变。

弗兰克：绝对会。每次徒步观星之后，我都有意识地带大家走向一盏直射的灯。在此之前，所有人的眼睛都已经适应了黑暗。许多人很惊讶，即使身处黑暗，他们的视力也非常强大。但当他们的眼前出现漫射的灯光，眼睛就突然完全无法视物，他们也就由此认识到动物们在夜间的处境。此后，许多人成为夜晚的保护者。

施密特：很明显，早在人类存在之初，星空就对人类产生了吸引力。

弗兰克：人类对星空的观测和由此创造的历法与导航，很可能是最古老的文化成就。天空中不会划分国界，星辰联结着拥有不同文化的人们。不知从何时起，人们就发现——荒漠地区的人们发现得更早——旱季和雨季都伴有特定的星辰运行现象。在墙上没有悬挂日历的时代，星辰的运行就是一种信号，人们将肉眼可见的星辰绘成星图，以便更好地辨认。观星也有助于确立节日与宗教礼仪，它们对于整个社会的团结具有重要作用。

最主要的一点：壮丽的星空是永恒而完美的。虽然星辰的位置会变化，却会在一段时间后重新现身于原地。这种出现与消失具有连续性，人类对此可以完全信任。在地球上，则恰恰相反，总是有着运动、迁徙、敷衍与混乱。日月星辰的运行都有一定的周期，这些周期可以被预测，并具有可信度。因此，对于一个不断变化的世界而言，唯有夜空具有永恒不变的特性。如今的夜空，与千百年前我们祖先所见到的一样。

因此，我们的祖先根据星空制定历法，并依靠星空指引方向，这是人类长年不懈观察的结果。一个很好的例子就是位于戈瑟克（Goseck）的太阳观测台。如果人们持续观察一年，只会获得一个周期的数据。只有长年持续观察，才能认识到其中的规律。

施密特：2014 年，国际暗夜协会将联合国教科文组织下的勒恩生态保护区认定为暗夜保护区，德语为“Sternenpark”。这是一种特别的褒奖。您在前期起了决定性的推动作用。关于那份内容繁复的申请，您也起了关键作用。为什么会选择勒恩呢？

弗兰克：勒恩有着极其特殊的地理位置，人口相对较少。我来自勒恩，早在我们通过测量来证明它的夜空亮度之前我就知道，这里有着非常良好的自然夜空。最后同样重要的是，勒恩也是联合国教科文组织下辖的生态保护区，其目标和任务与暗夜保护区非常契合。随着暗夜保护区的创建，保护夜晚也就被提上了日程——之前根本没有以正确的形式保护夜晚。

施密特：对于国际暗夜协会而言，主要任务就是保护夜晚。虽然保护星空只是主题之一，却有其重要性。让人们在夜里看到更多星星，而不止是那么几十颗闪亮的主星，为什么对您来说如此重要？

弗兰克：夜空是我们共同的文化遗产。这是一种在大自然中的体验。在城市只能看到几十颗星星，但我们本应看到更多，那我们有什么理由感到满意呢？如果我们能很好地解决光污染问题，灿烂的夜空就是给我们的回报，它会愉悦我们的心灵。它具有治愈效果，会让你感到踏实，使你少吃很多药。

施密特：“暗夜保护区”这一头衔并非作为礼物轻易赠送给某个地区的。一方面，必须满足基本条件；另一方面，相关城市与乡镇有义务采取某些做法。哪些是关键点呢？

弗兰克：首先，勒恩地区五个区的区议会接手了这个项目，这使我十分高兴，虽然他们最初并没有意识到这个项目的规模。照我看来，勒恩暗夜保护区是一个特别民主的项目，因为申请该项目必须经过地方议会的决议批准。首先，核心区要能呈现大面积清晰的自然夜空。其次，外围区没有或尽可能少有灯光照射到核心区。以上就是暗夜保护区的概念。是的，德国没有保护暗夜的相关法律。各乡镇没有义务限制照明，即便进行限制，也没有关于如何限制照明的法律规定。现有的仅为一项工业标准，可这只在规划过程中起辅助作用。

我们将国际暗夜协会的照明指导原则译为德语，并使该原则符合德国国家标准。比与市民们沟通重要得多的是，与能源供应商进行洽谈，目的是尽早获得他们的支持。这中间并非一帆风顺，突然就会有某个人物大谈特谈他自己感兴趣的话题，而这个话题与要谈论的事情毫不沾边。更加棘手的是，我们想要一种浅色灯，但找不到符合标准的。如今，数年之后，一切都已标准化，而且价格并不昂贵。

还有一点：在暗夜保护区，一切都建立于自愿的基础之上。各个社区自愿承担义务，未来服从照明指导原则。当时，我非常担心各个委员会能否一直走下去。但对我而言，这是一种美妙的经历。我没有向人们做出任何承诺：游客数量不会增加，积蓄也不会增加。我们无法一揽子完成所有的事情。我只是停留在最初的主题：我们希望保护我们的自然夜色。这么做，并不会伤害任何人，反而只会使所有人受益。

我必须承认，大多数民众都真正地理解了这一点。在勒恩，许多人都有大自然情结。从保护大自然的角度考虑，他们理解我们的项目。此外：这并不会给当地人增加其他费用，所有的一切都由能源供应商来承担。因此，项目获得了成功。应该说，没有任何不利于项目的条件。

施密特：可是，说到底还是费用的问题。说到保护黑夜，有一个相应的费用清单吗？还是它真的只是关乎公共照明观念的转变？

弗兰克：更倾向于后者吧。照明指导原则是为未来制定的。各个社区承诺在照明指导原则的基础上落实未来的照明安装与改装工作。

可是，所有这一切有一种附加效应。暗夜保护区的成立确保了降低灯光亮度、减少光照量、关闭灯光之类的话题不再成为禁忌。过去的情况是："我们不能对民众提出如此之高的要求。"现在，人们会为躺在暗夜保护区而感到自豪。给人们的公告就是限制照明，也就是说不对夜空照明，且光照量控制在工业标准的下限。这样也会起到节约能源的作用。就这一点而言，暗夜保护区使得人们有勇气做出前所未有的决定：在夜间的某一时刻，把灯明显调暗，甚至彻底关闭。

施密特：除了各个社区，许多商户在自己的建筑上或公司场所安装了照明装置，例如停车场或室外设施上。在您看来，这些商户会有意愿了解照明系统吗？

弗兰克：可能会，也可能不会。不得不承认，置身于勒恩暗夜保护区，与街道照明相比，我考虑得更多的是商户与私人照明问题。我们生活在这样一个时代，你可以在折扣店以不到 10 欧元的价格买到一根色温值为 6000 的灯管。越来越多的人认为，他们必须用灯光防御入室盗窃的人。可是，对于这种人们希望取得的威慑效果，并没有任何数据的支持。

我们再回到这个问题：我可以告诉你们，一些商户对于暗夜保护区抱着积极态度，他们声称："我们愿意为保护黑夜出一份力。"这涉及几个动机。在照明方面，商户希望减少费用支出，换装 LED 灯。另一方面，他们现在能够说自己更负责任地使用灯光——可持续地照明，更合理地布局灯光，减少灯光的使用，智能化地控制灯光，这种表述就已经是一种潜在的获利。

在我们那里，有两座大型食品市场采取了措施，它们的改建确实符合暗夜保护区的要求。此外，那里还有一个大型的矿泉水水源地，就在勒恩生态保护区的中央地带。当人们想在那里建一座新的仓库时，一开始就表明："我们希望尽可能降低对环境的影响——对光也是一样。"如果是在暗夜保护区前面，这是行不通的，因为你不能不考虑到夜晚，就只是随意地设置灯光照明。现在，我们正尝试做一个示范项目。尽管如此，还是有必要多多宣传。

施密特：事实表明，如果以适当的光色和按需开关的方式来正确地引导照明，不仅有利于保护黑夜，还能帮助企业节省费用。

弗兰克：当然。我乐于给予企业建议，甚至还让人专门做了一个示范灯墙，用来展示如何照明。在安全方面，我也给出了我的建议。明亮的灯光实则为入室盗窃者提供了便利，他们能借此获得清晰的视线，而不必提着一只令人生疑的手电。但是警方给出了完全不同的建议：最好是打开室内的灯光，并使灯光有所变化，以便给人造成屋内有人的感觉。因为如果窃贼确信公司内部无人留守，就会入门盗窃。

另一种情况事关一个全新的商业领域。项目开始之前我们就做了沟通工作。现在人们使用的灯光照明比他们最初预计的明显要少。一段时间之后，一位当地的汽车零售商找来，说他发现，有些灯光根本用不到。许多建筑商是可以做思想工作的，我们向他们做宣传，使他们提高这种意识。关于灯光刺眼这个问题，您也会注意到，自己曾多次被刺眼的灯光照射。从安全的角度而言，这是一种潜在的危险。在强光的照射下，四周一片漆黑，事故就这样发生了。

但如果我在开车的时候调暗车灯，我出色的视力也已足够让我看到四面八方：一切都在自己的掌握之中。黑夜得到了保护，我也节省了费用。

施密特：勒恩暗夜保护区已经创建两年了。一切相关工作都值得吗？在保护黑夜方面，您有所进展吗？

弗兰克：完全值得！在许多勒恩人看来，暗夜保护区的建立意味着生活质量得到了改善。除了星空，主要是保护黑夜这一主题激励着我。对于许多人来说，保护黑夜是一个积极的使命。我看到，整个德国都有反响，从个人、教育机构到各个地方，大家都想了解更多。现在已经有许多仿效者，尽管个别时候他们的动机有些可疑。

我们希望能继续强化勒恩暗夜保护区的内涵：现在，我们已经开始在幼儿园推广环境教育。孩子们必须从小就理解："是的，夜晚也是一种生活空间。"

在保护黑夜方面，勒恩暗夜保护区带来一股辐射的力量。我们不可以忘记：有责任感的照明，无法回避有许多人生活的城市。现在我们知道，光污染对环境和人类自身有着多么严重的后果。我们的身体拥有昼夜节律。在勒恩暗夜保护区向我们证明了，这种节律还是存在的。光照与保护黑夜并不互相矛盾。

就这方面而言，我们起着榜样的作用。即便在暗夜保护区之外，我们也大力推进。富尔达就是个例子。那里的能源供应商不仅在市区，也在更广泛的供应区采取了完全符合暗夜保护区标准的照明方案。这就是一个信号：我们关于降低光污染的倡议，可以在所有地方落实。正是在人口密集的地方，这种落实才更重要。如此，暗夜保护区和保护黑夜的倡议才具有更大的影响力。

施密特：感谢您的这次谈话，弗兰克女士。

地方层面："放大镜下"的人造光

在之前的章节中，我们的感官已经逐渐适应了黑暗。我们发现或重新意识到了黑暗的各个层面，它们或者被隐藏，或者退而作为背景存在。数百万年以来，大自然的夜晚决定性地影响着地球上的生命，因而对于大自然的平衡与我们的健康有着重要的作用——而且，大自然的夜晚能够在心底最深处感动我们，并给予我们灵感。

我们身边出现了越来越多的灯光，它们经常不是必要的，许多地方的黑夜变为白昼，使人深感担忧。

我们社会的多个领域都有光污染加重的问题。首先是地方政府这一层面。毕竟，城市与乡镇是公共照明的委托方和 / 或运营方。毫无疑问，城市与乡镇的公共照明在全国的人造灯光中占最大比重，相比之下，教堂照明所占比重要小得多。第二是工商业，涉及的范围包括商店、公司大楼、办公场地与停车场的外部照明，以及所有霓虹灯。第三是私人生活领域，也经常出现过度照明的情况：楼房大门或庭院入口处耀眼的灯光、屋顶平台乃至越来越多设置于花园的灯光。在光污染的海洋中，以上尽管只属于沧海一粟，却数量众多——而且，通过 LED 照明技术，它们的数量日益众多，亮度日益增强。

◎ 关于光照技术的重要概念

光通量：光源向所有方向发出的光能，国际单位为流明（Lumen，lm）。一只 100 瓦白炽灯的光通量约为 1400 流明。

发光强度：在给定方向上的单位立体角内发出的光通量，国际单位是坎德拉（candela，cd），意思是烛光，因一支普通蜡烛的发光强度约为 1 坎德拉或者 1 流明每平方米而得名。一只 100 瓦白炽灯的发光强度约为 110 坎德拉。

光色与色温：光色可以用对等的色温［相关色温（correlated color temperature，cct）］来表示，色温的计量单位为开尔文（Kelvin，K）。色温在 3300K 以下的为暖色光，色温在 3300—5000K 的为中性色光，色温在 5000K 以上的为冷色光。

亮度：人眼感到的光的明亮程度（明度）。测量方法为计算每平方米的坎德拉数量（cd/m^2）。

光照强度：单位面积上所接受可见光的光通量，单位为勒克斯（Lux，lx）。距离为 1 米的时候，一只 100 瓦白炽灯的光照强度为225勒克斯；距离为50米的时候，一只100瓦白炽灯的光照强度为0.1勒克斯。[186]

地方政府

通常，城市和乡镇政府与当地或区域的能源供应商通力合作。优化公共照明的先行者完全有理由首先寻求与地方政府及其技术伙伴的联系。一旦责任人确信所建议措施的必要性与可操作性，许多事情就会实现：有些措施会被立即施行，另外一些则至少会被设为中期目标。

地方政府没有必要投入巨资去检查辖区的公共照明，或对其进行改进。在这方面，我们不会听到反对改进措施的标准措词：这听起来不错，可我们缺少资金。对于有行动意愿的地方政府而言，即便是勒恩暗夜保护区更为严格的照明要求，也不会构成严重的障碍。

小小的一步就会取得巨大的效果。根本而言，关乎以下六点：

1. 阐明必要性：是不是有必要进行照明？

2. 引导光照方向：应该只采用有灯罩的灯具。

3. 光照质量与光色：2000 开尔文，上限为 3000 开尔文。

4. 光量：应该采用最低等级的光照强度。

5. 光照时长：按照具体需求。

6. 泛光照明：亮度最高设为 2 坎德拉 / 平方米。

无论如何，人们至少应定期维护公共照明设施。必须按要求定期更换灯头，并以较长的周期更换整套灯具。如果地方政府重视使公共照明更适合夜晚这件事，就会按照工作进程逐步落实优化措施。如果现在采用冷色光照明，未来可替换为暖色光。如果有必要重新设立，则采用上部遮光效果良好的照明灯具，从而防止灯光照向夜空。

虽然优化硬件设施对时间有要求，但在短时间内可优化控制照明节奏的软设施。此处存在以下问题：有必要在深夜打开所有照明吗，还是每隔一盏点亮即可？在夜深人静的时候，可以在特定地点完全关闭照明吗？

某些地方有勇气在特定的时间段关闭公共照明，这样的经验给人以鼓舞：这样做是可行的！大多数市民都会习惯这样的做法。事故的数量不会多过以往，降低照明量不会对公共安全造成影响。

因此，唯一值得一提的障碍就是习惯的力量：人们没有准备好去改变一直以来的做法。所以，如何应对公共照明，也是衡量市政与其管理机构是否开放、灵活及是否具备学习能力的尺度。这些都属于与政府形象有关的因素。对环境的承诺——这里指的是夜晚——也是一个基本因素。

◎ **为市政拟订的检查清单：**

我们拥有一个现代的照明方案吗？

首先，我们应该做一个盘点：整个辖区拥有多少照明？现在使用的是何种照明模式：灯具是否属于全密封状态（灯头属于封闭状态），从而不会使昆虫进入？照明光束是否朝下？使用何种灯泡（种类与强度）？

有关于灯具的登记册吗？

有针对未来的整体照明规划吗？

除了街道公共照明，市政还负责何种照明设施（建筑立面、景点、体育场馆等的照明）？

何处可以降低照明量，同时又不会给市民带来较大困扰？

市政是否计划在未来调整照明方案？

教堂的“神圣之光”

如今，我们使自己的城市变得如此明亮，以至于无法看到夜空的星光。这难道不是我们的教化存在问题的写照吗？

教皇本笃十六世[187]

在德国，许多地方的教堂彻夜被灯光照亮。在平素灯光较少的乡村，这无疑是一个干扰因素。强烈而漫无目的的探照灯光射向夜空（经常掠过教堂建筑，尤其是塔楼），教堂因此对其所在地起着灯塔的作用。

所以，这是一个矛盾：一方面，（古老的）教堂是地标，也是极富吸引力的名胜。对于许多人而言，教堂是辨别方向的坐标，许多人望而心喜。对于寻路的人而言，被灯光照亮的教堂就是黑夜中闪亮的礁石，会给他们以支撑。另一方面，据我们所知，许多教堂灯光已不再具有时代特色。优化灯具，并限制照明时间，可以对此加以改进。毕竟，因教堂建筑的照明问题而使鸟类偏离自己的路线，夺走蝙蝠的家园或大规模地灭杀昆虫，从而制造生态灾害，不符合教区的利益。

具有环保意识的教堂管理者也持类似看法。例如，富尔达的主教管区提出建议，希望将教堂的照明时间限制在晚上10点之前。这样做具有榜样作用，但不能成为普遍的标准。2013年出版了宗教指南手册《生物多样性与教会——教会环保顾问的建议》[188]，其中并未提及照明方面。这令人感到惊奇，因为指南中包含大量建议。从物种保护的角度而言，这些建议极受欢迎。例如，有人建议教堂社区采取相应措施，从而方便蝙蝠、红隼、仓鸮等鸟类进出屋顶与塔楼。

以下引用的部分来自指南中的导语，它说明各地教堂已经走上了一条正确的道路：

> 敬畏生命……这是一种非常重要的基本态度。1985年，德国福音教会理事会与主教会议共同宣布："……不止人类的生命，动物与植物的生命也同样具有价值，也应该受到尊重与保护。对生命的敬畏有个前提，即生命是一种价值，保护这种价值是一种道德上的义务。"所以，保护生态多样性不仅是社会与政治层面的任务，也对教堂提出了一种挑战，使得教堂对通常只能任人支配的生态环境展开价值辩论。同时，教堂自身拥有领地与建筑，可以作为积极的保护者和倡导者出现。[189]

2015年5月24日，教皇方济各发表了《颂词》(*Laudatio si'*)，其中写道：

> 每年都有数以千计的动植物种类消亡，我们再也无

法了解它们，我们的孩子再也无法看到它们，它们就这么永远消失了。这些动植物的消亡，绝大多数都与人类的某种行为息息相关。[190]

◎ **为教区拟订的检查清单：**

我们的教堂照明够现代吗？

已经投入使用的探照灯是否合理安装，以在最大程度上减少漫射光？具体而言：只是主要照亮教堂，还是不必要地将光束照向天空？

探照灯上是否有灯罩或安装有其他装置，以减少漫射光？

灯泡具备何种光色？

外部照明设施是否有计时装置，从而可以编程控制？

夜间照明多久才具有实际意义？建议：晚间10点之后关闭灯光。作为折中方案，可保留照亮大门的灯光。

工商业

各家企业用霓虹灯照亮各自的建筑，以宣示自己的存在，且很多时候都拥有华灯灿烂的停车场与户外场地。这些建筑与场地整夜灯火通明，即便有些时段几乎无人关注这些灯光。如果稍稍注意照明的质量，很快就会发现实际情况有多么糟糕。尤其是在市区，商业的“灯标”明显使城市上空形成了一个光罩。

对于许多人而言，一片闪烁着光芒的天际充满了现代意味。但在未来数年，这样的想法可能会有所改变。企业中的先行者已经考虑成熟，准备普查自己的外部照明设施，原因在于对于越来越多的人——包括顾客——而言，保护黑夜是一个值得付出努力的目标。

◎ 为工商业开出的检查清单：我们的企业在何种程度上造成了光污染？

照明灯光过于明亮了吗？如果灯光过于明亮，就会让人无法识别广告信息。

如何确定灯光广告的面积？应该避免大面积的灯光广告。灯光广告应该有尽可能暗的背景。

外部灯光应该指向何方？外部照明（例如停车场的灯光）应该彻底落实遮蔽措施，光柱应该朝向地面。

灯光具有何种光色？请使用含有蓝色光较少（暖白光色）的灯泡。

使用灯光的时间是否符合实际？营业时间之外，应该减少照明或关闭照明——这尤其可以大幅降低能耗。

人们不能随意安装荧光灯管，而是应注意将灯管安装在灯箱内，灯箱会限制灯光照射的方向。

顺便说一下：与扎比内·弗兰克的谈话已经清楚表明，入室盗窃的人希望看到灯光。与人们通常的想法不同，没有灯光的建筑对罪犯的吸引力较低。不速之客们同样需要灯光照明。与若无其事地走过灯光明亮的地方相比，手持手电筒行走更为引人注目。专家们指出，并非是明亮的外部照明会吓走入侵者，而是室内不断变化的灯光，这会给人带来屋内有人的感觉。也就是说，外部照明并不会自动提高防御级别。当然，这不仅针对商用建筑而言，也同样适用于私人住宅。

房主

外部照明几乎见于每座私人住宅的门前，也经常见于庭院，用于提示台阶阶级，也见于车库。屋顶平台会安置灯光，花园小径也越来越多地被灯光照亮。此外，志得意满的屋主经常使美丽的植物或成片的植物沐浴在灯光下。据估计，德国有 1500 万私人住宅房主，他们会在保护黑夜方面有些共同的话题。

没有人思考私人住宅外部照明的质量问题。每个人都可以按照自己喜欢的方式照亮自己的房屋，几乎没有人对此做进一步的思考。如果思考了，许多灯具就会和现在不同，有些甚至可能不会被使用。除了往返于肥料堆的两分钟的路程，谁又真正需要在花园内设置照明呢？

五金商店和折扣店里成堆摆放的廉价球形灯泡，已逐渐合理地退出了公共照明领域。但在这方面存在一种令人担心的模仿效应。如果一个花园用这种照明装置进行“装饰”，通常很快周围的花园就会效仿。

有可能的是，与市政及工商企业的照明相比，从数量上讲，家庭灯光对城市上空光雾层的影响显得微不足道。但是，人们可以将每一个私人地块——特别是私人的绿化地带——视为一个小小的生物群落。在许多生物学家看来，物种丰富的私人花园——特别是在市区——相当于某些动物的避难所。许多动物在这里出没。在城市里，鸣禽、刺猬、蝴蝶与蝙蝠都在哪里？在绿化带与花园。错误的照明——刺眼的强光，朝着四面八方散射，而且含有蓝光——是导致前文所述后果的因素之一。人们一旦认识到这一点，就会优化身边触手可及的少量光源，而且这做起来毫不费力。

◎ 为房主开出的检查清单：我的外部照明设置得合理吗？

当前的室外照明真的有必要吗？

照明如何设置？光线射向四面八方吗？光线刺眼吗？或者光线直接照射于目标物上？光柱应该始终射向下方。灯体部分应该尽可能全部密封。

灯光具体为何种光色？冷白光和中性的白光含有高量紫外线，不能使用。灯泡上标示的色温必须低于 3000 开尔文。长波光能减少对昆虫的吸引。用户应该始终使用暖白色调的照明灯具（无论是 LED 灯还是紧凑型荧光灯——通常被无意义地称为“节能灯”）。

照明装置有运动感应器吗？感应器如何安装？如何控制？它在夜间能持续多久？是否有可能缩短照明时间？是否有可能降低安装高度，从而缩小照明范围？

探照灯朝向哪里？灌木丛与矮树篱也有灯光照射吗？应该避免使灯光照射墙壁、物体与植物。

“我们最大的敌人就是无知”

——与工程师马蒂亚斯·恩格尔博士的对话

自从于斯图加特大学获得博士学位以来，工程师马蒂亚斯·恩格尔（Matthias Engel）博士就在南德的一家跨国技术公司担任研发工程师。2011 年，恩格尔博士建立了“施瓦本河谷暗夜保护项目”，该项目致力于保护河谷的璀璨夜空和环保照明。除了负责整体组织工作，恩格尔博士主要研究照明技术。2012 年，该独立的公益倡议组织获得了由罗伊特林根县及县银行颁发的环境保护奖。恩格尔博士的论文《定向照明》，在 2014 年全德银行举办的能源转型竞赛中，获得三等奖。

施密特：在夜晚，是否每个公民、每家中小型工商业组织或企业都可以在自己的领地内任意使用灯光照明？在德国及欧盟，（几乎）对一切都有明文详细规定。对照明的种类与强度，有相关规定吗？

恩格尔：根据联邦污染防治法，灯光属于一种排放物。但是，街道照明被明确排除在法规的限制之外，例如透过公寓窗户射出的光。有些联邦州制定了其他法律，例如巴登符腾堡州的自然保护法，禁止在鸟类迁徙期间将灯光射向天空。相邻权能够避免出现干扰性的照明，但通常，邻里之间一场友好的谈话也可以解决问题。

施密特：举个极端的例子：大城市里有一栋高楼，楼主想为这栋楼房打上标新立异的灯光。需要通过有关部门的许可吗？如果需要的话，是什么部门呢？

恩格尔：联邦州污染防治委员会规定了光排放的测量与评判标准。根据这个标准，照射进邻居窗口的灯光不能超过1勒克斯。自然保护法规与建筑法规的相关规定也有一定作用。可惜，这里不能对此做出一般性的说明。

施密特：在这里，我们还是要进一步明确。如果一项建筑规划涉及用地的受保护物种，建筑商必须证明已经有了环保的解决方案，可能花费不菲。比如，如果要设置远处可见的强光或其他照明装置，会向专人询问，这些照明装置是否影响以及在何种程度上影响鸟类与昆虫吗？

恩格尔：在这个问题上，建筑局、自然保护部门与环境部门必须发挥作用。可是，灯光通常并不被看作环境问题，而被认为是城市特色与现代化的标志。如果谁谈到灯光给昆虫和候鸟带来的困扰，就会很快被视为拒绝进步。蝙蝠与其他受保护的物种已是一个强有力的证据，可是，在衡量自然保护法规时，必须考虑到所有物种。

施密特：这是否意味着，在德国可以随意用强光干扰夜间动物或“杀死”它们?

恩格尔：动物保护法保护脊椎动物，昆虫不在保护之列。从法律角度来看，干扰或“杀死”昆虫不构成任何问题；但如果超过“常规”数量，公众就会认为这是个问题。候鸟的敏感度则更高。没有一位高层建筑运营商能够接受大量飞鸟撞击建筑的情况，单是公众舆论就无法面对。

施密特：我们说说市政设施（城市与乡镇）吧。从数量而言，市政设施很可能是全国照明使用量最多的。规划照明时所依据的是什么？对于市政照明，有相关的法律规定吗?还是市政会自觉地合理照明?

恩格尔：关于照明的规划通常基于德国标准中关于街道照明和有关设备的条例（DIN EN 13201）。可是，这一工业标准仅仅是一个建议，而非法律条文。在德国大多数联邦州，并不存在通用的照明义务，而只有一条街道的安全义务。大多数乡镇照亮自己的街道，是因为照明属于一种成就，也是公民的福利。只要照明是适度的，没有人会对此提出任何异议。

施密特：关于“光污染”，人们已所知颇多。在这种背景下，您认为现存的 DIN 标准值仍然符合时代的要求吗？您认为有优化的需求吗？

恩格尔：关于避免光污染的问题，最后一定要回到 DIN。迄今为止，DIN 工业标准还没有在光污染问题上发挥作用。我的感觉是，照明水平通常设置得过高。

施密特：照您看来，光污染的问题已经到了市政决策者们的案头吗？在这一问题上，我们的市政决策者们有学习能力吗？

恩格尔：在这方面，还需要许多知识。许多决策者还不熟悉光污染这一问题，或者不知道如何正确避免光污染。可惜，许多人将光污染简单视为无足轻重的生态问题，他们的目光太过于集中于能源效率。缺乏照明技术专业知识的问题，在小型村镇尤甚。在那里，规划者如何指挥，就如何建造，或者人们干脆依照“既有的做法”来建造。如果规划者不了解“光污染”这一问题，对此不加以关注甚至故意忽视，实际照明也会出现相应的问题。可惜，现在还没有关于光污染的相关法律。

施密特：从我们这次对谈的角度出发，您如何评价 LED 技术？夜间照明变得越来越简便易行，完全不需要像过去一样节省光源。难道这导致了反弹，也就是说，导致了现在的照明使用多过以往吗？

恩格尔：一方面，LED 技术使得人们更有针对性地使用灯光；另一方面，LED 技术降低了照明的费用，增加了照明量与照明亮度。这就是典型的反弹效应。许多村镇希望不再关闭夜间照明，因为 LED 技术使得照明成本少于以往，而且灯具也更加便宜。但这是错误的想法。不能仅仅因为拥有了节约型的照明器材，就增加不必要的使用。

施密特：在一些联邦州，州政府已制订了照明向 LED 转型的推进方案，以帮助各村镇节省费用。这些方案也考虑到对黑夜的保护了吗？

恩格尔：很遗憾，在许多推进方案中，保护黑夜并未占有一席之地。关于保护黑夜，可以采取以下做法：只推广全遮蔽式灯具，采用暖白光！巴登符腾堡州曾制订了“加强环保”方案，要求只使用全遮蔽式灯具。当然，是否在所有情况下都遵守这一规定，需要进一步商榷。

施密特：对于 LED 技术的成功使得光污染问题又上了一个台阶这一事实，我们是否必须做些准备？

恩格尔：这一点完全可以想见，并可以进一步观察到。但另一方面，光照方向得到进一步控制，光线可以调节，这些都提供了很多减少光污染的机会。

施密特：平日使用的 LED 灯含有较高的蓝光。就“保护黑夜”的主题而言，这并非我们所愿。可是，当然也有可能优化 LED 灯的光色。富尔达的勒恩能源公司已经开始采取这种方法。

恩格尔：提高能源的使用效率，不应以人员、环境与自然为代价。应该接受目前额外耗能较低的暖白光，不应采用效率稍高的中性光与冷白光，以免带来更多问题。

施密特：近年来，光技术领域有了很多变化。与 1990 年相比，我们是否已经走得更远？

恩格尔：在光技术领域是这样，但光污染方面并非如此。

施密特：是否有人尝试过，用数据统计光污染带来的损失——从民众健康与生态的角度来看。

恩格尔：在某些领域有过小规模的统计，我不清楚是否有全面的调查。首批调查结果见于系列报告“失去的夜晚”（Verlust der Nacht）。报告对人工照明费用、照明的外部效应及经济学评估给出了说明。

施密特：在公共空间——如住宅区街道——照明的一个理由是安全。人们假设，灯光可以预防犯罪。如今，若干方面都对此提出了质疑。您对此有何看法？

恩格尔：黑暗本身并无任何过错。危险的是人类及其行为。对此，肯定无法给出一个概括性说明。可是，许多调查都无法表明灯光照明与犯罪行为之间有任何联系。

施密特：与此类似，许多外行人认为，街道的灯光越明亮，交通就越安全。是这样吗？

恩格尔：过度照明并不会带来益处，甚至反而会导致目眩，成为安全隐患。我们的眼睛有一个很大的光感区域，在昏暗的光线下也可以看得清。可是，炫目的灯光及很大的明暗差异会给我们带来麻烦。

施密特：在保护黑夜方面，谁起关键作用？谁有权力和可能来落实解决方案？

恩格尔：通过诸如“失去的夜晚”这类项目，人们认识到了光污染的危害。可是，这些认识必须有实践的途径，并强制实行。如果人们很清楚，灯光不应该照向夜空，减少灯光中的蓝光会减少光污染，那就应该把这几点明确下来，比如写入投资条件中。许多投资条件仅仅着眼于能源的使用效率，在保护黑夜方面没有提出任何要求。

很明显，这里需要各个环保部门的参与。这些部门必须对环保地、负责任地使用灯光保持敏感，并长期加以贯彻和落实。在应对光污染这种环保问题方面，单纯地依靠自觉与远见是行不通的，因为光污染问题并非如水污染或空气污染那么引人注目。

还可能重要的一点是，应该使光污染防治走上标准化的道路。可是，有些人对只能使用全遮蔽式灯具毫无兴趣。

施密特：哪些人对此持反对意见呢？

恩格尔：关于光污染，最大的敌人就是无知。无知存在于大部分民众和责任人与决策者之中。但是，我们不能怪罪他们，因为光污染这个问题并非那么显而易见，而且至今几乎仍未被公众认识。在这个问题上，还有必要普及很多知识，还有必要引起足够重视，包括在官方与国家层面。

但如果决策者与规划者知道光污染这一问题，却仍然安装会产生光污染的照明设施，就属于不负责任。生产商对解决这一问题也可以有很大帮助。确实会有适合的灯具，与不理想的灯具相比，它们的价格并不昂贵。

施密特：您怎么看待房主与建筑商的作用。如果每个人都规范自己房屋的外部照明，会有什么效果吗？

恩格尔：从自身利益出发，每个人都可以成为好的范例。可惜的是，事实却表现出另一种趋势：五金市场与折扣店里有大量廉价的 LED 灯具，部分采用光伏发电，通常采用冷色蓝光。如果不了解这些，就会把这样的灯具安装到自己的花园。这还是知识的问题。从售卖的一方看，例如五金市场与电器市场应被我们质疑。如果我们看看那里的商品供应，就会发现只有少数灯具符合避免光污染的要求，正如我们的调查结果所显示的那样。

施密特：如果请您以夜晚的“辩护人”的身份来制定某种行动计划，会是什么内容？

恩格尔：普及知识，提高意识，强制落实。迄今为止，最后一项尚未实现，因为倡议组织的活动空间到此就停止了。

施密特：有人认为，与过去数十年间主要的污染问题相比，光污染较容易解决，您同意吗？前提是各方参与。

恩格尔：当然。光污染属于为数不多的可以迅速纠正或缓解的环境问题，最迟于下次换装照明设备之际。相反，光污染造成的一些后果需要更长的时间通过再生来修复，例如给生态系统带来的后果。

施密特：您对我们控制德国及中欧的光污染问题是否持乐观态度？或者照您看来，问题是否还会增加？

恩格尔：数十年以来，光污染的问题已为人所知，一些领域已对此有所关注。可是，迄今为止，由于LED灯具的廉价，情况变得更为严重。

如果官方不进行限制，我们将无法控制光污染这个问题。而一旦地方与联邦州率先垂范，便不啻一个好的发展方向。

施密特：恩格尔博士先生，非常感谢您此次的谈话。

后记：义不容辞

我们将本书献给黑夜及其强大的力量。迄今为止，尽管已有很多出版物对夜晚的某一方面有详细的描述，但还没有一种出版物能将夜晚的各个方面整合起来。而我们所关心的正是：从天文学、（时间）生物学、文化历史学与照明技术的角度出发，使得偶尔略显神秘的“一天中的黑暗面”显现于我们眼前，使之真切可感。

夜晚越来越多地进入公众视野，这与光污染造成的重大后果密不可分。书中给出的建议阐明了一点：我们不需要破坏性的人造灯光。有一种满足所有照明需求的技术方案。正如我们所见的大部分情况，其关键在于将正确的“硬件”（遮光、光色、强度）与合乎需要的“软件”（控制）组合起来。

解决方案就在那里，我们只需要利用它们——并将其付诸实践。可以首先从自己触手可及的地方做起——例如在自己的地块上。此外，在政界扩大影响也很重要：与决策者或市政机构进行沟通或辩论。如果夜间照明问题引发舆论，行动的压力就会越来越大。无论如何，所有环保政策的进步都离不开人们意识的改变。

我们不能忘记：20世纪80年代，绿色和平组织（Greenpeace）提醒人们注意纸张生产过程中产生的氯漂白剂的危害，有些人却对此嗤之以鼻。数年之后，使用无氯纸张成为积极的主张，各家企业都在报头或信纸上专门就此做上标注。人工色素、增味剂与转基因成分陷入批评之后，没过多久，各家生产商就开始广为宣传，声称自己的产品不含以上物质。数十年来，垃圾成为有价值的物品，回收再利用成为一种标准。如今，节约能源与有节约意识地利用饮用水资源已成为普遍行为。

简而言之，我们的社会拥有学习的能力。我希望在亟待解决的光污染问题上也是如此，如果这一问题被更多人了解到，并激发他们对此的意识。

基于这些经验，值得努力确保未来全德的市政机构、企业与工商业都能自信地说："我们的照明合乎环保要求。"更进一步的是：公民与消费者期待这样的做法。因为他们知道：为了自己的身心健康，为了动植物乃至整个地球的福祉，我们都需要黑夜发挥它的力量——今天比以往任何时候都更加需要。

致　谢

打开并检视黑暗的“尼克斯魔盒”——我们得到了许多人的帮助，在此想向他们致以衷心的感谢。

首先，我们要感谢维奥拉·M.J. 施密特（Viola M.J. Schmidt），她负责检索文献，从神话和电影的角度为研究夜晚做了富有价值的工作。在此意义上，我们也同样感谢慕尼黑电影电视大学的彼得·C. 斯兰斯基教授，对于摄影技术和电影技术如何呈现黑夜，他总是自发地给出解答。关于保护黑夜，最关键的推动力来自扎比内·弗兰克，她是勒恩暗夜保护区的发起人与协调人，具有很强的感染力。安德烈亚斯·汉奈尔博士——星空爱好者协会下属的暗夜协会的发言人——一再为我们提供有益的启发。我们采访了马蒂亚斯·恩格尔与弗朗茨·霍尔克博士，谈话内容丰富，使人受益良多。我们还感谢马蒂亚斯·哈纳（Matthias Hahner）——东黑森州电网有限责任公司的总经理——多年以来，他和团队一直在实行实用且环保的照明模式，并愿意就此提供信息。我们还感谢生物学家斯特凡·泽恩克与约尔格·伯卡德（Jörg Burkard），他们乐于就项目给出个人评价意见。奥利弗·马塞尔（Oliver Marcel）是日耳曼语文学家、编辑与诗歌爱好者，与他的谈话使人颇受启发。感谢我们的编辑拉尔夫·莱（Ralf Lay）精心校稿，斯蒂芬妮·格尔代斯（Stefanie Gördes）也全程参与了编辑工作。最后，我们感谢伦纳德·施密特（Leonard Schmidt），他事无巨细地、热情地给予我们支持。所有对本书出版做出建设性贡献的人，团结在一起，努力将一天中迄今仍被忽视的黑暗一面移出阴影：就这一意义而言，他们才是“黑夜的拯救者”。

附　录

作品名翻译对照表

（按正文出现顺序）

In der Stunde der Nacht	《黑夜史》（埃克奇）
Die Nacht	《夜晚》（保罗·波嘉德）
Almagest	《至大论》（托勒密）
Das Ende der Nacht	《夜晚的终结》（赫波普）
Sternenpark Rhön	《勒恩暗夜保护区》
Theogonie	《神谱》（赫西俄德）
Die Wolfsfrau	《与狼共奔的女人》（埃斯蒂斯）
Edda	《埃达》
Carmina Burana	《布兰诗歌》
Beurer Liedern	《博伊伦之歌》
Unter den Linden	《菩提树下》（福格尔魏德）
Mädchenliedern	《心爱的女孩》（福格尔魏德）
Abend	《夜晚》（格吕菲乌斯）
Nachts	《夜晚》（歌德）

Wandrers Nachtlied	《漫游者夜歌》（歌德）
Nachtgesang	《夜歌》（歌德）
Faust	《浮士德》（歌德）
Kaiser Octavianus	《奥克塔维亚努斯皇帝》（蒂克）
Nachtstücke	《夜间故事集》（霍夫曼）
Abendständchen	《小夜曲》（布伦塔诺）
Ein Wanderspruch	《漫游者夜歌》（艾兴多夫男爵）
Sehnsucht	《渴望》（艾兴多夫男爵）
Heinrich von Ofterdingen	《海因里希·冯·奥弗特丁根》（诺瓦利斯）
Nachtzauber	《夜的魅力》（艾兴多夫男爵）
Mondnacht	《月夜》（艾兴多夫男爵）
Der Einsiedler	《隐士》（艾兴多夫男爵）
Bitte	《请求》（雷瑙）
An die Nacht	《致夜晚》（叔本华）
Berthas Lied in der Nacht	《贝莎的夜晚之歌》
Das Haus in der Heide	《荒原中的房屋》（许尔斯霍夫）
Im Moose	《在青苔中》（许尔斯霍夫）
Das Hirtenfeuer	《牧人篝火》（许尔斯霍夫）
Durchwachten Nacht	《不眠之夜》（许尔斯霍夫）
Um Mitternacht	《午夜》（莫里克）
Ein geistlich Abendlied	《心灵的夜歌》（金克尔）

Nachtlied	《夜歌》（黑贝尔）
Abendgefühl	《夜感》（黑贝尔）
Weihe der Nacht	《夜祭》（黑贝尔）
Stille der Nacht	《夜的静谧》（凯勒）
Nach Hause	《回家》（雅克博夫斯基）
Trost der Nacht	《夜晚的慰藉》（雅克博夫斯基）
Himmelfahrt	《升天》（德默尔）
Nachtgang	《夜行》（比尔鲍姆）
Oft in der stillen Nacht	《常感静夜》（比尔鲍姆）
An die Nacht	《致夜晚》（比尔鲍姆）
Aufgang oder Untergang	《日升或日落》（里尔克）
Galgenlieder	《绞刑架之歌》（莫根施特恩）
Mondschaf	《月光下的绵羊》（莫根施特恩）
Mitternachtsmaus	《午夜的老鼠》（莫根施特恩）
Fisches Nachtgesang	《鱼之夜歌》（莫根施特恩）
Es ist Nacht	《正值夜晚》（莫根施特恩）
Der Seufzer	《叹息的人》（莫根施特恩）
Inmitten der großen Stadt	《大城市之中》（莫根施特恩）
Nachtsegen	《夜晚的祈祷》（恩格尔克）
Nachtlied	《夜歌》（特拉克尔）
Menschheit	《人类》（特拉克尔）
Grodek	《格罗代克》（特拉克尔）

Der Krieg	《战争》（海姆）
Die Pflicht	《义务》（米萨姆）
Du gingst mit mir	《你曾随我而行》（米萨姆）
Im Dunkel der Dörfer	《在村庄的夜色中》（邵博）
Erinnerung an eine Kammer	《回忆小小房间》（邵博）
Dorfseele	《村庄般的灵魂》（邵博）
Landnacht	《乡村之夜》（邵博）
Lob des Dunkels	《夜色赞歌》（邵博）
Und schwärzer schatten die Wälder	《树影愈来愈深》（邵博）
Lied	《歌谣》（莫林）
Abends	《傍晚》（诺伊尔特）
Es ist Nacht	《夜色正浓》（斯萨巴）
Rot–schwarzem Buch	《红黑诗集》（斯萨巴）
Nur die Nacht	《只有这个夜晚》（背影杀手）
Schlechte Zeiten für Lyrik	《诗的糟糕时代》（布莱希特）
Zauberflöte	《魔笛》（莫扎特）
Mondscheinsonate	《月光奏鸣曲》（贝多芬）
Nachtszene	《夜景》（鲁本斯）
Die Alte mit dem Kohlenbecken	《拿着炭盆的老妇人》（鲁本斯）
Heilige Nacht	《神圣的夜晚》（阿尔特多费）
Jüngsten Gericht	《最后的审判》（博斯）
Rast am Höllenfluss	《地狱河畔的休憩》（博斯）

Flug zum Himmel	《升天》（博斯）
Lautenspieler	《弹琴者》（卡拉瓦乔）
Die Berufung des heiligen Matthäus	《圣马太感召》（卡拉瓦乔）
Das Abendmahl in Emmaus	《以马忤斯的晚餐》（卡拉瓦乔）
Der Engel erscheint dem heiligen Joseph im Traum	《天使出现在圣约瑟夫的梦里》（拉图尔）
Maria Magdalena mit der Öllampe	《油灯前的抹大拉》（拉图尔）
Büßende Magdalena 2	《忏悔的抹大拉 2》（拉图尔）
Anbetung der Hirten	《夜巡》（伦勃朗）
Anbetung der Hirten	《牧羊人的朝拜》（伦勃朗）
Abrahams Opfer	《亚伯拉罕的牺牲》（伦勃朗）
Jungen Frau mit Ohrring	《戴耳环的女子》（伦勃朗）
Flusslandschaft im Mondschein	《月光下的河景》（内尔）
Gewitter und Blitzschlag am unteren Grindelwald–Gletscher	《格林德瓦下部冰川的雷电》（沃尔夫）
Nachtmahr	《梦魇》（菲斯利）
Zwei Männer in Betrachtung des Mondes	《两名赏月的男子》（弗里德里希）
Mondaufgang am Meer	《海上升明月》（弗里德里希）
Frau vor der untergehenden Sonne	《落日下的女子》（弗里德里希）
Nachtstück für Greifswald	《格赖夫斯瓦尔德夜景》（弗里德里希）

Greifswald im Mondschein	《月色中的格赖夫斯瓦尔德》（弗里德里希）
Winterlandschaft mit verfallenem Tor	《城门摇摇欲坠的冬景》（卡鲁斯）
Dreisteinen im Riesengebirge	《高山中的三巨石》（卡鲁斯）
Mondnacht bei Rügen	《吕根岛的月夜》（卡鲁斯）
Heimkehr der Mönche ins Kloster	《返乡的僧侣回到修道院》（卡鲁斯）
Blick auf Dresden mit Mondsichel	《新月下的德累斯顿一瞥》（卡鲁斯）
Nächtlichen Flusslandschaft	《夜色河景》（普里马韦西）
Winterlandschaft（die Natch）	《冬季夜景》（齐默尔曼）
Boulevard Montmartre bei Nacht	《夜色中的蒙马特大道》（毕沙罗）
Sternennacht	《星空》（梵高）
Caféterrasse bei Nacht	《夜间露天咖啡座》（梵高）
Sternennacht über der Rhône	《罗纳河上的星夜》（梵高）
Marschlandschaft mit Mühle	《沼泽磨坊》（诺尔德）
Mondnacht	《月夜》（诺尔德）
Sternenhimmel	《星空》（诺尔德）
Bewegtes Meer	《不平静的大海》（诺尔德）
Heilige Nacht	《神圣夜》（诺尔德）
Le nuit	《黑夜》（布格罗）
Hortus deliciarum	《乐园》（中世纪泥金手抄本）

Kleiner Nachtmusik	《小夜曲》(莫扎特)
Ankommen	《到达》(施穆克尔)
Kraft und Stille	《力量与寂静》(施穆克尔)
Die Nacht nimmt Abschied	《告别夜晚》(克洛斯)
Barry Lyndon	《乱世儿女》(库布里克)
La Nuit américaine	《日以作夜》(特吕弗)
Der Heros in tausend Gestalten	《千面英雄》(坎贝尔)
König der Löwen	《狮子王》(迪士尼)
Star Wars	《星球大战》(卢卡斯)
Bildnis des Dorian Gray	《道林·格雷的肖像》(王尔德)
Eisblumen	《冰花》(地铁萨丽乐队)
Der Mönch	《僧侣》(路易斯)
Der Mönch	《吸血鬼》(波利多里)
Die Elixiere des Teufels	《魔鬼的迷魂汤》(霍夫曼)
Coppelius	《科贝柳斯》(霍夫曼)
Der seltsame Fall des Dr. Jekyll und Mr. Hyde	《化身博士》(史蒂文森)
Frankenstein oder Der moderne Prometheus	《弗兰肯斯坦——现代普罗米修斯的故事》(雪莱)
Dracula	《德古拉》(斯托克)
Nosferatu, eine Symphonie des Grauens	《诺斯费拉图》(穆尔瑙)
Das Phantom der Oper	《歌剧魅影》(穆尔瑙)

Die Schlange der Leidenschaft	《狂野之蛇》
Metropolis	《大都会》
Das Cabinet des Dr. Caligari	《卡里加里博士的小屋》（雅诺维茨、迈尔）
Der Mann, der lächelte	《笑面人》
Batman Returns	《蝙蝠侠归来》（伯顿）
Die Spur des Falken	《鸟巢喋血战》
Der Dritte Mann	《第三人》
Sprung in den Tod	《拥抱死亡》
Sunset Boulevard	《日落大道》
L. A. Confidential	《洛城机密》
Sin City	《罪恶之城》
That Yellow Bastard	《黄杂种》
The Hard Goodbye	《忍者泪说再见》
Twilight–Saga	《暮光之城》（梅尔）
The Vampire Diaries	《吸血鬼日记》（史密斯）
Der–kleine–Vampir	《小吸血鬼》（波登伯格）
Biodiversität und Kirchen–eine Empfehlung der Kirchlichen Umweltbeauftragten	《生物多样性与教会——教会环保顾问的建议》
Zielgerichtet beleuchten	《定向照明》（恩格尔）

相关机构信息

星空爱好者协会（VdS）

邮箱 11 69

64629 黑彭海姆（Heppenheim）

电话：06252 787 154

邮箱：service@vds–astro.de

www.vds–astro.de

星空爱好者协会下属的暗夜协会

发言人：安德烈亚斯·汉奈尔博士

www.lichtverschmutzung.de

国际暗夜协会（IDA）

3223 北方第一大道（North first Ave.）

图森（Tucson），AZ 85719

邮箱：ida@darksky.org

www.darksky.org

勒恩生态保护区内的暗夜保护区

加拉西宁（Gallasiniring）30

36043 富尔达

电话：0800 971 9772

邮箱：info@sternenpark-rhoen.de

www.sternenpark-rhoen.de（内含勒恩暗夜保护区的照明指导原则及详解）

脸书：www.facebook.com/sternenpark.rhoen

推特：Sternenpark Rhön

www.verein-sternenpark-rhoen.de

www.biosphaerenreservat-rhoen.de

威斯特哈弗兰暗夜保护区

威斯特哈弗兰自然公园

Pareyer Dorfstraβe 5

14715 Havelaue

电话：033872 74310

邮箱：np-westhavelland@lugv.brandenburg.de

艾费尔暗夜保护区

联系方式：Astronomie-Werkstatt Sterne ohne Grenzen

Sülzgürtel 42

50937 科隆

电话：0221 2829882

邮箱：info@sterne-ohne-grenzen.de

施瓦本河谷暗夜保护区倡议组织

马蒂亚斯·恩格尔博士

信箱 30 08 08

70448 斯图加特（Stuttgart）

邮箱：info@sternenpark-schwaebische-alb.de

www.sternenpark-schwaebische-alb.de

www.facebook.com/SternenparkSchwaebischeAlb

富尔达勒恩能源示范园区

戴姆勒—奔驰—大街，富尔达

邮箱：strassenbeleuchtung@re-fd.de

能源公司位于富尔达城郊，公司所在地有三条模拟街道，展示了数十种适合夜晚使用的节能照明装置。该园区主要服务于想亲自了解相关情况的市政决策者。如参观，须提前预约。

相关链接

（本出版社明确指出，书中所有网页链接于本书出版前查看时是有效的。若网页链接在本书出版后发生变更，与出版社概不相关，出版社对此概不负责。）

避免光污染的决议，2015

www.lichtverschmutzung.de/zubehoer/download.php?file=Resolution_gegen_Lichtverschmutzung.pdf.

有关环保照明的建议，2015

www.lichtverschmutzung.de/zubehoer/download.php?file=ReduzierungLichtverschmutzung_ah1208.pdf

如何实现节能型户外照明？

（摘自“DIE GEMEINDE BWGZ”，2014）

www.sternenpark-schwaebische-alb.de/images/BWGZ-21-2014-Engel_Wie_ist_eine_energiesparende_und_umweltgerechte_Aussenbeleuchtung_moeglich.pdf

上奥地利州光照优化指南

www.land-oberoesterreich.gv.at/files/publikationen/us_besseresLicht2013_leitfaden.pdf www.hellenot.org (Tiroler Umweltanwaltschaft)

避免不必要的光辐射，索洛图恩环境办公室

www.so.ch/fileadmin/internet/bjd/bjd–afu/pdf/luft/415_ui_05.pdf

保护黑夜：光污染、生物多样性和夜间景观，联邦自然保护机构的脚本

www.bfn.de/fileadmin/MDB/documents/service/Skript_336.pdf

重新定义户外照明的能效，2014

(Energy Environ.Sci., 2014, 7, 1806–1809) http://pubs.rsc.org/en/content/articlelanding/2014/ee/c4ee00566j#!divAbstract

www.verlustdernacht.de (Interdisziplinärer Forschungsverbund Licht verschmutzung der Leibniz Gemeinschaft)

www.cost–lonne.eu (Loss of the Night Network)

www.stars4all.eu (A Collective Awareness Platform for Promoting Dark Skies in Europe)

http://sci–frankfurt.de (Chronobiologisches Institut Senckenberg FFM)

(Informatives Portal von Christian Reinboth)

www.peter–slansky.de

参考文献

Acker, Paul: *The Poetic Edda: Essays on Old Norse Mythology*, Routledge, London 2002

Bogard, Paul: *Die Nacht. Reise in eine verschwindende Welt*, Blessing, München 2014

Borchhardt–Birbaumer, Brigitte: *Imago Noctis. Die Nacht in der Kunst des Abendlandes*, Böhlau, Wien 2003

Bronfen, Elisabeth: *Tiefer als der Tag gedacht. Eine Kulturgeschichte der Nacht*, Hanser, München 2008

Campbell, Joseph: *Der Heros in tausend Gestalten*, Insel, Frankfurt 2001

—, *Die Kraft der Mythen*, Bibliographisches Institut, Düsseldorf 2007

Cook, Pam (Hg.): *The Cinema Book. Third Edition*, Palgrave Macmillan, London 2009

Cotterell, Arthur (Hg.): *Mythologie: Götter, Helden, Mythen*, Parragon, Köln 2008

Ekirch, A. Roger: *In der Stunde der Nacht. Eine Geschichte der Dunkelheit*, Lübbe, Bergisch Gladbach 2006

Estés, Clarissa Pinkola: *Die Wolfsfrau. Die Kraft der weiblichen Urinstinkte*,

Heyne, München 1995

Friese, Heinz–Gerhard: *Die Ästhetik der Nacht. Eine Kulturgeschichte*, Rowohlt, Reinbek 2011

Fuchs, Dörte, und Jutta Orth (Hg.): *Freude für alle Tage*, Die Deutsche Bibliothek, Kiefel 2002

Goethe, Johann Wolfgang von: *Faust. Der Tragödie zweiter Teil*, Reclam, Stuttgart 1986

Hänsch, Robert, Benjamin Könecke, Merle Pottharst und Florian Wukovitsch: *Kosten und externe Effekte des künstlichen Lichts sowie Ansätze der ökonomischen Bewertung*, Schriftenreihe *Verlust der Nacht*, Bd.1, Universitätsverlag der TU Berlin, Berlin 2013

Held, Martin, Frank Hölker und Beate Jessel (Hg.): *Schutz der Nacht-Lichtverschmutzung, Biodiversität und Nachtlandschaft*, Bundesamt für Naturschutz, BfN–Schriften 336, Berlin 2013

Hemm, Dagmar, und Andreas Noll: *Die Organuhr, Gesund im Einklang mit unseren natürlichen Rhythmen*, Gräfe und Unzer, München 2015

Hesiod: *Theogonie Griechisch/Deutsch*, Reclam, Stuttgart 1999

Hohenberger, Eva(Hg.):*Bilder des Wirklichen. Texte zur Theorie des Dokumentarfilms*, Vorwerk, Berlin 2006

Krüss, James: *Märchen*, Oettinger, Hamburg 1991

Leibniz—Gemeinschaft, Forschungsverbund »Verlust der Nacht«:

Verlust der Nacht (Broschüre), Berlin 2013

Zwischenruf. Verlust der Nacht, Heft 2/2009

Meier, Josiane, und Merle Pottharst: *Gesellschaftliche Akteure der künstlichen Beleuchtung*, Schriftenreihe *Verlust der Nacht*, Bd. 2, Universitätsverlag der TU Berlin, Berlin 2013

Milton, John: *Paradise Lost*, Penguin Classics, London 2003; Übersetzung von Adolf Böttger: *Das Verlorene Paradies*, Leipzig o. J.

Mulvey, Laura: *Visual and other pleasures (second edition)*, Palgrave Macmillan, London 2009

Nürnberger, Helmuth: *Geschichte der deutschen Literatur*, Bayerischer Schulbuch–Verlag, München 1993

Nym, Alexander: *Schillerndes Dunkel. Geschichte, Entwicklung, und Themen der Gothic-Szene*, Plöttner, Leipzig 2010

Ottoson, Robert: *A Reference Guide to the American Film Noir*, Scarecrow Press, Metuchen, NJ, und London 1981

Posch, Thomas, Anja Freyhoff und Thomas Uhlmann (Hg.): *Das Ende der Nacht. Die globale Lichtverschmutzung und ihre Folgen*, Wiley–VCH, Weinheim 2010

Reiners, Ludwig (Hg.): *Der ewige Brunnen. Ein Handbuch deutscher Dichtung*, C.H. Beck, München 1990

Rilke, Rainer Maria: *Die Gedichte*, Insel, Frankfurt, 7. Aufl. 2012

Schlör, Joachim: *Nachts in der großen Stadt. Paris-Berlin-London 1840-1930*, Artemis & Winkler, München 1991

Schmidt, Mathias R., und Sabine Frank: *Sternenpark Rhön. Warum der Schutz der Nacht Menschen und Natur so gut tut*, Parzellers Buchverlag, Fulda 2015

Schmidt, Tanja–Gabriele, und Mathias R. Schmidt: *Urnahrung, Wie wir die Vitalkraft von Wildkräutern, alten Obst-und Gemüsearten nutzen*, Goldmann, München 2015

—, *Superkörner. Wie wir wirksam die Weizenwampe vermeiden*, Goldmann, München 2016

Silver, Alain, und Elizabeth Ward: *Film Noir: An Encyclopedic Reference to the American Style*, Overlook Press, Woodstock, NY, 2008

Tiroler Umweltanwaltschaft: *Die helle Not. Künstliche Lichtquellen-ein unterschätztes Umweltproblem*, Innsbruck, 3. Aufl. 2009, www.hellenot.org/fileadmin/user_upload/PDF/WeiterInfos/09_HelleNot_Broschuere.pdf

Vergil: *Aeneis*, lateinisch/deutsch, Reclam, Stuttgart 2012

Vogelweide, Walther von der: *Leich, Lieder, Sangsprüche*, hg. v. Christoph Corneau, de Gruyter, Berlin 1996

Vogler, Christopher: *The Writer's Journey. Mythic Structure for Writers, 3rd Edition*, Michael Wiese Productions, Studio City, CAL, 2007, deutsch: *Die Odyssee des Drehbuchschreibers*, Zweitausendeins, Frankfurt, 6. Aufl. 2010

Zulley, Jürgen, und Barbara Knab: *Unsere innere Uhr. Natürliche Rhythmen nutzen und der NON-STOP-Belastung entgehen*, Mabuse, Frankfurt 2014

注 释

1. Paul Bogard: *Die Nacht. Reise in eine verschwindende Welt*, Blessing, München 2014, 17 页。

2. 参见 Thomas Posch, Anja Freyhoff und Thomas Uhlmann (Hg.): *Das Ende der Nacht. Die globale Lichtverschmutzung und ihre Folgen*, Wiley–VCH, Weinheim 2010, 17 页。

3. 参见 Ragnar Vogt, Gespräch mit dem Chronobiologen Achim Kramer: »Wie die innere Uhr gestellt wird«, https://www.youtube.com/watch? V=SWzZBuPBL8o.

4. Maximilian Moser, Interview im Webportal »Schwingung und Gesundheil. Neue Impulse aus Forschung, Kunst, Medizin und Musik«, 2007, www.schwingung–und–gesundheit.de/Interview–Moser.html.

5. »Gymnasium führt Gleitzeit für Schüler ein«, FZ vom 11.4.2016，6 页。

6. 参见 Maximilian Moser: »Künstliche Zeit und innere Uhr«, ZDF, 23.9.2015, sowie ders.: »Chronobiologie–was ist das?«, 3sat, 10.3.2015, www.3sat.de/page/?source=/dokumentationen/183084/index. html.

7. 参见 »Gymnasium führt Gleitzeit für Schüler ein«，出处同前。

8. 同上。

9. 参见 Moser: »Chronobiologie–was ist das?«，出处同前。

10. 参见 Vogt，出处同前。

11. 参见 Christian Cajochen: »Lerchen, Eulen und Normaltyp«, www.focus.de/gesundheit/gesundleben/schlafen/chronobiologie/chronobiologie/chronotypen_aid_27629.html.

12. 参见 Vogt，出处同前。

13. Tobias Hürter im Gespräch mit Till Roenneberg, *ZeitWissen*, 3/2011, »In uns ticken 100 Millionen Jahre alte biologische Uhren«.

14. Annukka Aho–Ritter:»Melatonin: Neues vom Sandmännchen–Hormon«, *DocCheck News*, 13.2.2015, http://news.doccheck.com/de/74258/melatonin–neues–vom–sandmaennchen–hormon.

15. 参见 hierzu Annemarie Döring: »Neue Erkenntnisse über Melatonin: Was ist dran an dem Wunderhormon?«, *Das Schlafmagazin. Wege zum gesunden Schlaf*, 29.2.2008, www.dasschlafmagazin.de/wegezumgesunden–schlaf/archiv/ausgewaehlte–artikel/neue–erkenntnisse–ueber–melatonin.html.

16. 参见 Moser:»Chronobiologie–was ist das?«，出处同前。

17. 参见 Moser, Interview Schwingung und Gesundheit，出处同前。

18. 参见 hierzu zum Beispiel Deutsches Grünes Kreuz:»Blutdrucksenker besser abends schlucken?«, 13.11.2015, http://dgk.de/meldungen/blutdrucksenker–besser–abends–schlucken.html; oder NetDoktor,»Neues aus der Medizin: Blutdrucksenker abends schlucken«, 29.10.2015, www.netdoktor.de/news/blutdrucksenker–abends–schlucken.

19. Moser, Interview Schwingung und Gesundheit，出处同前。

20. »Die Dramaturgie der Nacht«,Tobias Hürter im Gespräch mit Peter Spork 2011,www.zeit.de/zeit–wissen/2011/03/Dossier–Schlafen–Dramaturgie.
21. 参见 Mathias R. Schmidt und Sabine Frank: *Sternenpark Rhön. Warum der Schutz der Nacht Menschen und Natur so gut tut*, Parzellers Buchverlag Fulda 2015，13 页。
22. 参见 Tobias Hürter im Gespräch mit Peter Spork, 2011, »Rätselhafter Schlummer—Unsere schlaffeindliche Gesellschaft«, www.zeit.de/zeit–wissen/2011/03/Dossier–Schlafen–Dramaturgie/seite–2.
23. Hürter im Gespräch mit Roenneberg，出处同前。
24. 参见 University of Helsinki: »Sleep Loss Detrimental to Blood Vessels«, 22.4.2016, https://www.helsinki.fi/en/news/sleep–loss–detrimental–to–blood–vessels helsinki.fi.
25. 参见 Sybille Möckl: »Leistungsfähigkeit eingeschränkt. Nebenwirkung der späten WM–Spiele: Deutsche leiden unter Fußball–Kater«, 2.7.2014, www.focus.de/gesundheit/gesundleben/schlafen/fussball kater–und–schlaftrunkenheit–die–nebenwirkungen–der–spaeten–wm–spiele_id_3962079.html.
26. 参见 Posch et al.，出处同前，140—141 页。
27. Thomas Kantermann im Interview zum Thema »Zeitumstellung«, Spiegel Online, 30.10.2013, www.spiegel.de/forum/gesundheit/zeitumstellung–wenn–unsere–innere–uhr–falsch–tickt–werden–wir–krank–thread–104742–1.html.
28. 参见 Interview »Träumen. Nichts tun. Lange duschen«, 2013, www.stern.de/wirtschaft/job/raus–aus–der–stressfalle––aber–wie–––Traeumen––

nichts–tun–lange–duschen––3664358.html.

29. 参见 hierzu »Nachts arbeiten und trotzdem gesund bleiben«, BZ, 12.4.2013, www.bz–berlin.de/artikel–archiv/nachts–arbeiten–und–trotzdem–gesund–bleiben.

30. 参见 Moser:»Chronobiologie — was ist das?«，出处同前。

31. 参见 Rolf Merkle: »Falsche Vorstellungen vom Schlaf«, https://www.palverlag. de/schlaf–fragen–antworten.html.

32. 参见 zum Beispiel www.volkskrankheit.net, »Studien zeigen: Wenig Schlaf fördert Übergewicht«, 30.10.2012; www.3sat, »Schlafmangel macht dick—Mehr Ghrelin und weniger Leptin«, 14.8.2012; www.diabetesratgeber.net,»Hilft Schlaf beim Abnehmen?«, 28.5.2016.

33. Jürgen Zulley:»Wie viel Schlaf ist gesund?«, www.focus.de/gesundheit/gesundleben/schlafen/nachtruhe/tid–9235/schlafen_aid_265134.html.

34. 参见 A. Roger Ekirch: *In der Stunde der Nacht. Eine Geschichte der Dunkelheit*, Lübbe, Bergisch Gladbach 2006, 358—360 页。

35. 同上，370 页。

36. 参见 »Ist Schlaf vor Mitternacht gesünder?«, 27.6.2015, www.ndr.de/ratgeber/gesundheit/Ist–Schlaf–vor–Mitternacht–gesuender,schlaf121.html.

37. 参见 Schmidt/Frank: *Sternenpark Rhön*，出处同前，14 页。

38. 同上，14—15 页。

39. 参见 Interview » Träumen. Nichts tun. Lange duschen«，出处同前。

40. 参见 J. Allan Hobson: »Dreaming as virtual Reality«, https://vimeo. com/56975531.

41. 参见 hierzu Dagmar Hemm und Andreas Noll: *Die Organuhr. Gesund im*

Einklang mit unseren natürlichen Rhythmen, Gräfe und Unzer, München 2015, sowie »Organsprache im Rhythmus der Zeit«, www.impulsmanagement.ch/index.php/wissenswertes/gesundheit.

42. 参见 Schmidt, Tanja–Gabriele, und Mathias R. Schmidt: *Urnahrung, Wie wir die Vitalkraft von Wildkräutern, alten Obst-und Gemüsearten nutzen*, Goldmann, München 2015；以及 *Superkörner. Wie wir wirksam die Weizenwampe vermeiden*, Goldmann, München 2016.
43. Hemm/Noll，出处同前，8 页。
44. 参见 »Biorhythmus–Die chinesische Uhr«,www.gesundheit.de/medizin/psychologie/zeit–und–rhythmus/biorhythmus–die–chinesische–uhr.
45. 参见 https://de.wikipedia.org/wiki/Eurythmie.
46. 参见 Joachim Schlör: *Nachts in der großen Stadt. Paris, Berlin, London 1840–1930*, Artemis & Winkler, München 1991.
47. Mathias R. Schmidt:» Vom Kienspan zur Halogenleuchte: Wie den Menschen die Lichter aufgingen«, Radio–Feature, BR 2, 1998.
48. *Kultur & Technik* 2/2005，32 页。
49. Schmidt:»Vom Kienspan zur Halogenleuchte«，出处同前。
50. Leibniz–Gemeinschaft: *Zwischenruf. Verlust der Nacht* 2/2009，18 页。
51. Bogard，出处同前，38 页。
52. 参见 BfN: *Naturschutz und Landschaftspflege* 67/2001.
53. 引自 www.aphorismen.de/zitat/15962.
54. 引自 www.lebens–zitate.de/ziele–nach–dem–mond–selbst–wenn–du–ihn–verfehlst–wirst–du–zwischen–den–sternen–landen–friedrich–nietzsche.
55. »Declaration In Defence Of the Night Sky And the Right To Starlight«,

La Palma 2007.

56. Die Geschichte der Beobachtung, Interpretation und Erforschung des Sternenhimmels erzählt mit vielen Bildern das Kapitel »Der Mensch und die Sterne–eine astronomische Zeitreise« im Buch *Sternenpark Rhön*. 参见 Schmidt/Frank，出处同前。
57. 见 http://darksky.org/light-pollution/wildlife.
58. 同上。
59. 同上。
60. 参见 Posch et al.，出处同前，86 页。
61. Bogard，出处同前，186—188 页。
62. Posch et al.，出处同前，85—86 页。
63. 见 http://darksky.org/light-pollution/wildlife.
64. 参见 Bogard，出处同前，181 页。
65. 参见 www.exeter.ac.uk/news/featurednews/title_440797_en.html; http://rstb.royalsocietypublishing.org/content/370/1667/20140124;oder www.batconservationireland.org.
66. Posch et al.，出处同前，65 页。
67. 参见 Leibniz-Gemeinschaft: *Zwischenruf. Verlust der Nacht*，出处同前，19 页。
68. 参见 Posch et al.，出处同前，77 页。
69. 参见 Leibniz-Gemeinschaft: *Zwischenruf. Verlust der Nacht*，出处同前，18 页。
70. 参见 Posch et al.，出处同前，67 页。
71. Posch et al.，出处同前，76 页。

72. 参见 Bogard，出处同前，171 页。

73. *Der Spiegel* 26/2016，99 页。

74. Bogard，出处同前，172 页。

75. 参见 Leibniz–Gemeinschaft: *Zwischenruf. Verlust der Nacht*，出处同前，19 页。

76. 参见 Schmidt/Frank，出处同前，8 页。

77. Posch et al.，出处同前，71 页。

78. 参见 Leibniz–Gemeinschaft: *Zwischenruf. Verlust der Nacht*，出处同前，20 页。

79. Bogard, 出处同前，163 页。

80. 参见 www.undekade–biologischevielfalt.de.

81. 参见 www.igb–berlin.de/mitarbeitende–igb/show/243.html.

82. 引自 Manfred Herok: *Phil-Splitter*, 2014, www.abcphil.de/html/nacht–und–tag.html.

83. 参见 Brigitte Borchhardt–Birbaumer: *Imago Noctis. Die Nacht in der Kunst des Abendlandes*, Böhlau, Wien 2003，14 页。

84. 同上，63 页。

85. 同上，66 页。

86. 参见 Clarissa Pinkola Estés: *Die Wolfsfrau. Die Kraft der weiblichen Urinstinkte*, Heyne, München 1993，34 页。

87. Zitiert nach https://www.aphorismen.de/zitat/6337.

88. 中古高地德语翻译：坦贾–加布里尔·施密特，原文参见 ducalucifero.altervista.org.

89. Walther von der Vogelweide: *Leich, Lieder, Sangsprüche*, hg. v. Christoph

Corneau, de Gruyter, Berlin 1996; Übersetzung aus dem Mittelhoch-deutschen: Tanja-Gabriele Schmidt.

90. Zitiert nach http://gutenberg.spiegel.de/buch/andreas-gryphius-gedichte-2204/2.
91. Johann Wolfgang von Goethe: *Römische Elegien* VII, zitiert nach Helmuth Nürnberger: *Geschichte der deutschen Literatur*, Bayerischer Schulbuch-Verlag, München 1993，121 页。
92. Zitiert nach https://www.aphorismen.de/gedicht/72946.
93. 引自 Nürnberger，出处同前，119 页。
94. 引自 https://de.wikipedia.org/wiki/Wandrers_Nachtlied.
95. 引自 https://www.aphorismen.de/gedicht/202812.
96. Johann Wolfgang Goethe,Sämtliche Werke, 13.1, München 1992，126 页。
97. Johann Wolfgang von Goethe: *Faust. Der Tragödie zweiter Teil*, Reclam, Stuttgart 1986，3—4 页。
98. 引自 http://freiburger-anthologie.ub.uni-freiburg. de/fa/fa.pl?cmd=gedichte&sub=show&noheader=1&add=&id=506.
99. 参见 Nürnberger, 出处同前，163 页。
100. 引自 www.zeno.org/Literatur/M/Novalis/Fragmentensammlung/Blüthenstaub.
101. 引自 http://gutenberg.spiegel.de/buch/hymnen-an-die-nacht5237/3.
102. 引自 http://gutenberg.spiegel.de/buch/hymnen-an-die-nacht5237/2.
103. 引自 https://www.aphorismen.de/zitat/6337.
104. 引自 www.wortblume.de/dichterinnen/kusstrau.htm.
105. 引自 https://de.wikipedia.org/wiki/Abendst%C3%A4ndchen.

106. 引自 https://www.aphorismen.de/zitat/123592.
107. 引自 Ludwig Reiners: *Der ewige Brunnen. Ein Handbuch deutscher Dichtung*, C.H. Beck, München 1990，337 页。
108. 引自 http://lyrik.antikoerperchen.de/joseph–von–eichendorff–sehnsucht, textbearbeitung, 29.html.
109. 参见 Roland Borgards und Harald Neumeyer: »Der Mensch in der Nacht—die Nacht im Menschen«,http://edoc.hu–berlin.de/hostings/athenaeum/documents/athenaeum/2001–11/borgards–roland–l3/PDF/borgards.pdf.
110. 参见 Ernesto Handmann, www.handmann.phantasus.de/g–dieblaue–blume.html.
111. 引自 http://gutenberg.spiegel.de/buch/joseph–von–eichendorff–gedichte—4294/99.
112. 引自 Nürnberger，出处同前，171 页。
113. 引自 http://gutenberg.spiegel.de/buch/joseph–von–eichendorff–gedichte—4294/47.
114. 参见 Jasmin Jobst und Christine Kerler:»Intermedialität und Synäs–thesie in der Literatur der Romantik«,www.goethezeitportal.de/wissen/projektepool/intermedialitaet/autoren/eichendorff/intermedialitaet–in–eichendorffs–mondnacht.html.
115. 引自 Nürnberger，出处同前，194 页。
116. 引自 www.wortblume.de/dichterinnen/schop099.htm.
117. 参见 Nürnberger，出处同前，181 页。
118. 同上。
119. 引自 Northeimer Datenbank Deutsches Gedicht: nddg.de/gedicht/18792–

Berthas+Lied+in+der+Nacht_Grillparzer.html.

120. 引自 http://gutenberg.spiegel.de/buch/gedichte-1844-2844/31.

121. 引自 www.lwl.org/LWL/Kultur/Droste/Werk/Lyrik/Ausgabe_1844/Hirtenfeuer/index2_html.

122. 引自 http://gutenberg.spiegel.de/buch/eduard-m-5525/113.

123. 引自 http://freiburger-anthologie.ub.uni-freiburg.de/fa/fa.pl?cmd=gedichte&sub=show&noheader=l&add=&id=993.

124. 引自 https://de.wikipedia.org/wiki/Nachtgedanken.

125. 参见 Nürnberger，出处同前，199 页。

126. 引自 www.heinrich-heine.net/quotat.htm.

127. 同上。

128. 引自 www.gedichte-lyrik-online.de/heine_heinrich-gedicht_485-aus_den_himmelsaugen_droben.html.

129. 引自 http://gedichte.xbib.de/Hebbel_gedicht_Nachtlied.htm.

130. 引自 http://gutenberg.spiegel.de/buch/friedrich-hebbel-gedichte-2662/119.

131. 引自 http://gedichte.xbib.de/Hebbel_gedicht_Die+Weihe+der+Nacht.htm.

132. 引自 http://gutenberg.spiegel.de/buch/gottfried-keller-gedichte-3376/53.

133. 引自 http://gutenberg.spiegel.de/buch/ludwig-jacobowski-gedichte-4390/3.

134. 引自 http://gutenberg.spiegel.de/buch/ludwig-jacobowski-gedichte-4390/1.

135. 引自 http://gutenberg.spiegel.de/buch/richard-dehmel-gedichte-1733/29.

136. 引自 www.zeno.org/Literatur/M/Bierbaum,+Otto+Julius/Gedichte/Irrgarten+der+Liebe/Lieder/An+die+Nacht.

137. Rainer Maria Rilke: *Die Gedichte*, Insel, Frankfurt, 7. Aufl. 2012, 204-

205 页。

138. 同上，189 页。

139. 引自 https://www.aphorismen.de/gedicht/12389.

140. 引自 https://de.wikisource.org/wiki/Der_Lattenzaun.

141. 引自 https://de.wikisource.org/wiki/Der_Seufzer.

142. 引自：https://www.staff.uni-mainz.de/pommeren/Gedichte/esistnacht.html.

143. 引自 www.christian-morgenstern.de/dcma/index.php?title=Inmitten_der_gro%C3%9Fen_Stadt.

144. 引自 http://gutenberg.spiegel.de/buch/rhythmus-des-neuen-europa-gedichte-6737/39.

145. 引自 www.textlog.de/17523.html.

146. 引自 Nürnberger, 出处同前，273—274 页。

147. 同上，273 页。

148. 同上，274 页。

149. 引自 http://gutenberg.spiegel.de/buch/erich-m-4656/17.

150. 引自 http://gutenberg.spiegel.de/buch/erich-m-4656/12.

151. 引自 www.literaturepochen.at/exil/multimedia/pdf/holznerszabo.pdf.

152. 同上。

153. 同上。

154. 引自 https://books.google.de/books?id=svN8KGnMz-boC&pg=PA227&lpg=PA227&dq=Seltsam,+ich+singe+und+bin+Sicher...

155. 引自 http://aphoristiker-archiv.de/index_z.php?id=65443.

156. 引自 https://www.aphorismen.de/suche?f_autor=3663_Nico+Szaba.

157. 引自 www.songtexte.com/songtext/bakkushan/nur-die-nacht-43a40f53.

html.

158. 引自 www.abipur.de/referate/stat/638404060.html.

159. 引自 https://de.wikipedia.org/wiki/Der_H%C3%B6lle_Rache_kocht_in_meinem_Herzen.

160. 见 https://www.youtube.com/watch?v=5Ipq_tIrbnE.

161. 参见 Murray Parahia und Norbert Gertsch (Hg.): *Beethoven Klavier-sonate Nr. 14 cis-moll Opus 27 Nr.2*, Henle, München o.J., Vorwort, S.III.

162. Gerald Heidegger:»Die Nacht und ihre Rätsel«, http://orf.at/stories/2147740/2147592.

163. 见 www.mahagoni-magazin.de/malerei/pissarro-%E2%80%9boulevard-montmartre-bei-nacht-%E2%80%93-das-zweite-gesicht-der-stadt-1897.

164. 见 www.musee-orsay.fr/de/kollektionen/werkbeschreibungen ...

165. Carola Zinner:»›Das gewaltige Dunkel‹. Eine Kulturgeschichte der Nacht«, 10.6.2015, www.br.de/radio/bayern2/wissen/radiowissen/dunkel-nacht100.html.

166. 参见 Eva Hohenberger (Hg.): *Bilder des Wirklichen. Texte zur Theorie des Dokumentarfilms*, Vorwerk. Berlin 2006，240 页。

167. 同上，244 页。

168. Elisabeth Bronfen: *Tiefer als der Tag gedacht. Eine Kulturgeschichte der Nacht*, Hanser, München 2008，427 页。

169. 参见 zum Thema Nachtfotografie und astronomische Beobachtungen www.peter-slansky.de.

170. 参见 Joseph Campbell: *Der Heros in tausend Gestalten*, Insel, Frankfurt

2001.

171. 参见 同上，146—148 页。

172. 同上，91 页。

173. 同上，119 页。

174. 同上，110 页。

175. Christopher Vogler: *The Writer's Journey. Mythic Structure for Writers, 3rd Edition*, Michael Wiese Productions, Studio City, CAL, 2007; deutsch: *Die Odyssee des Drehbuchschreibers*, Zweitausendeins, Frankfurt, 6. Aufl. 2010.

176. Weitere Informationen bietet Alexander Nym (Hg.): *Schillerndes Dunkel. Geschichte, Entwicklung, und Themen der Gothic-Szene*, Plöttner, Leipzig 2010.

177. 引自 www.songtexte.com/songtext/subway–to–sally/eisblumen–23dccc47.html.

178. 参见 Bronfen，出处同前，427 页。

179. 同上，428 页。

180. 参见 Robert Ottoson: *A Reference Guide to the American Film Noir*, Scarecrow Press, Metuchen, NJ,und London 1981，1 页。

181. Alain Silver und Elizabeth Ward: *Film Noir: An Encyclopedic Reference to the American Style*, Overlook Press,Woodstock, NY，2008，3 页。

182. 参见 Pam Cook (Hg.): *The Cinema Book.Third Edition*, Palgrave Macmillan, London 2009, 309 页。

183. 参见 Silver und Ward，出处同前，4 页。

184. 参见 Cook，出处同前，309 页。

185. 参见 Bronfen，出处同前，436—438 页。

186. 参见 Schmidt/Frank，出处同前，62 页。

187. 引自 www.kath.net/news/36000.

188. 见 www.ekd.de/agu/download/BIODIV_Kirchen.pdf.

189. 同上。

190. 见 http://w2.vatican.va/content/francesco/de/encyclicals/documents/papa–francesco_20150524_enciclica–laudato–si.html, Punkt 33.

图书在版编目（CIP）数据

拯救黑夜：星空、光污染与黑夜文化 /（德）马赛厄斯·R. 施密特，（德）坦贾－加布里尔·施密特著；纪永滨译．-- 太原：山西人民出版社，2020.5

ISBN 978-7-203-11345-4

Ⅰ．①拯…　Ⅱ．①马…　②坦…　③纪…　Ⅲ．①夜—研究　Ⅳ．① P193

中国版本图书馆 CIP 数据核字（2020）第 048342 号

著作权合同登记号：图字04-2020-005

拯救黑夜：星空、光污染与黑夜文化

著　　者：（德）马赛厄斯·R. 施密特　（德）坦贾－加布里尔·施密特
译　　者：纪永滨
责任编辑：贾　娟
复　　审：傅晓红
终　　审：秦继华

出 版 者：山西出版传媒集团·山西人民出版社
地　　址：太原市建设南路 21 号
邮　　编：030012
发行营销：010-62142290
　　　　　0351-4922220　4955996　4956039
　　　　　0351-4922127（传真）　4956038（邮购）
天猫官网：http://sxrmcbs.tmall.com　电话：0351-4922159
E-mail：sxskcb@163.com（发行部）
　　　　sxskcb@163.com（总编室）
网　　址：www.sxskcb.com

经 销 商：山西出版传媒集团·山西人民出版社
承 印 厂：北京玺诚印务有限公司

开　　本：787mm × 1092mm　1/32
印　　张：9.5
字　　数：152 千字
版　　次：2020 年 5 月　第 1 版
印　　次：2020 年 5 月　第 1 次印刷
书　　号：ISBN 978-7-203-11345-4
定　　价：48.00 元